破局思维

来源◎著

时事出版社
北京

图书在版编目（CIP）数据

破局思维 / 来源著 .—北京：时事出版社，2022.11

ISBN 978-7-5195-0516-5

Ⅰ . ①破… Ⅱ . ①来… Ⅲ . ①人生哲学 – 通俗读物 Ⅳ . ① B821-49

中国版本图书馆 CIP 数据核字（2022）第 173299 号

出版发行：时事出版社

地　　址：北京市海淀区彰化路 138 号西荣阁 B 座 G2 层

邮　　编：100097

发行热线：（010）88869831　88869832

传　　真：（010）88869875

电子邮箱：shishichubanshe@sina.com

网　　址：www.shishishe.com

印　　刷：三河市华润印刷有限公司

开本：880×1230　1/32　印张：8　字数：150 千字

2022 年 11 月第 1 版　2022 年 11 月第 1 次印刷

定价：50.00 元

（如有印装质量问题，请与本社发行部联系调换）

前言

“欲渡黄河冰塞川，将登太行雪满山。”这句诗向我们描述了一种人生常态：欲而不能，求而不得。这种状态，我们可以简单地归纳为四个字：陷入困境。

我们每个人都曾经经历，或者正在经历，或者将要经历大大小小的困境。常言道：“人生不如意十之八九。”困境是我们人生中无法逃避的事情。甚至可以说，是无数的困境和面对困境的态度铸就了此时此刻的我们自己。

那么，是被困境击败，从此一蹶不振，日渐消沉？还是击败困境，从而改变现状，破局而出？答案显而易见。这是我们每个人都需要认真思考并努力践行的课题，也是本书想要阐述的主要内容。

本书从困境的诞生开始，通过古今中外的案例故事，以及抽丝剥茧的比较分析，试图为读者揭开困境的神秘面纱，看清它的本来面目，从而帮助读者总结归纳出一整套战胜困境的行之有效的方法。

当我们面对困境，不再有恐慌、抱怨、迷茫、绝望等负面的情绪，而是满怀信心地去思考、去行动、去坚持，那么我们就能够改变现状、破局而出，最终实现自己的目标与理想。

目录

第一章／困境的产生

流水在碰到
抵触的地方，
才把它的活力解放。

想要走出困境，首先就要正视困境。想要正视困境，首先就要了解困境。想要了解困境，就要明白它是如何产生的。

凡事有因必有果，有果则必有因。困境也是一样。它不会凭空出现，不会凭空消失。我们希望它消失，那么就必须知道它产生的原因。只有搞清楚了这一点，我们才能对症下药，才能有的放矢。

第一节　内因

在现实生活中，因为我们自身因素而产生的困境不胜枚举。这其中又可以大致分为消极因素和积极因素两种。

首先是消极的内因所产生的困境，诸如懈怠、懒惰、荒废、逃避、投机取巧等。人们往往选择一时的轻松，或者用看似更为简单取巧的方法来处理生活、工作、婚姻家庭中出现的问题。殊不知，在日积月累下，这种态度往往最终导致更大的困境。

我们都听说过《寒号鸟》的寓言故事。

山脚下有一堵石崖，崖上有一道缝，寒号鸟就把这道缝当作自己的窝。石崖前面有一条河，河边有一棵大杨树，杨树上住着喜鹊。寒号鸟和喜鹊面对面住着，成了邻居。

几阵秋风，树叶落尽，冬天快要到了。

有一天，天气晴朗，喜鹊一早飞出去，东寻西找，衔回来一些枯草，然后就忙着做窝，准备过冬。寒号鸟却整天出去玩，累了就回来睡觉。喜鹊说："寒号鸟，别睡了。大好晴天，赶快做窝。"

寒号鸟不听劝告，躺在崖缝里对喜鹊说："傻喜鹊，不要吵。太阳高照，正好睡觉。"

冬天说到就到，寒风呼呼地刮着。喜鹊住在温暖的窝里。寒号鸟则在崖缝里冻得直打哆嗦，不停地叫着："哆啰啰，哆啰啰，寒风冻死我，明天就做窝。"

第二天清早，风停了，太阳暖暖的，好像又是春天了。喜鹊来到崖缝前劝寒号鸟："趁天晴，快做窝。现在懒惰，将来难过。"

可寒号鸟还是不听劝告，伸伸懒腰，答道："傻喜鹊，别啰嗦。天气暖和，得过且过。"

寒冬腊月，大雪纷飞。北风像狮子一样狂吼，崖缝里冷得像冰窖。寒号鸟重复着哀号："哆啰啰，哆啰啰，寒风冻死我，明天就做窝。"

天亮了，太阳出来了，喜鹊在枝头呼唤寒号鸟。可是，寒号鸟已经在夜里被冻死了。

寒号鸟的懒惰、懈怠让自己陷入了前所未有的困境，最终付出了生命的代价。

虽然这是一则寓言，但在现实生活中，我们是否也经常因为一时的懒惰或者贪图安逸而导致此后面对难以克服的困境呢？小到厨房里堆叠的脏碗筷、卧室里随手丢放的脏衣服，大到临近考试还一直没有开始的复习准备、领导一催再催却始终没有开始的工作。所有这些问题都不会因为我们的懒惰、逃避而消失，只会随着时间的推移酿成苦果，然后在终点等着我们自己吞下。

有一个靠运输货物维持生活的人养了两匹马。一天，这个人分别将两匹马各拉的马车装满了货物。途中，一匹马走走停停，慢慢地就落在了后面。主人便把后面一辆马车上的货物全放到了前面那辆马车上。

后面那匹马看到自己车上的东西都没有了，便开始轻快地前进，并且揶揄地对前面那匹马说："嘿！你有能耐吧，你受苦受累活该，你越是努力干，主人就越要折磨你。"前面那匹马听了一言不发，继续努力向前奔跑。

偷懒耍滑头的马见状，就越来越得意，继续不停地讽刺挖苦那匹任劳任怨的马，但对方始终没有搭理它。

到达终点后，有人对马的主人说："既然你只需要一匹马拉车，干吗还养两匹马呢？这不是在浪费吗？不如好好喂一匹，把那匹不干活的马杀了卖掉。这样既可以卖些钱，又可以节省不少草料。”

主人一听，觉得这主意不错，就听从了。

那匹喜欢偷懒的马见势不妙，想挣脱缰绳逃跑，但是已经来不及了。马主人抓住它的辔头，将它卖给了杀马的人。

在这则寓言故事中，偷懒的马因为自己的投机取巧丢掉了性命。它以为自己是聪明的，实际上却是愚蠢的。对于它的主人而言，它存在的意义就是帮助主人运输货物。一旦不再具备这个条件，它也就丧失了存在的必要。

我们由此推之，那些在工作中面对任务推三阻四，能躲就躲、能逃就逃的员工，当你不能再为企业创造任何价值，而只提供负担的时候，等待你的命运又将是什么样子的呢？同样，作为企业的负责人，当你发现自己的员工无法再为企业创造任何有形或者无形的价值时，是否应该当机立断做出抉择呢？

春秋时期，宋国有一个农夫，他总是嫌田里的庄稼长得太慢，今天去瞧瞧，明天再去看看，觉得禾苗好像总也没有长高。于是他想：有什么办法能使它们长得高些快些呢？

有一天，他来到田里，把禾苗一棵一棵地往上拔。一大片禾苗，耗费了他很多力气。等他拔完了禾苗，已经累得筋疲力尽，但心里却很高兴，回到家以后便跟家人夸口：“今天可把我累坏了，我帮助禾苗长高了好几寸。”

农夫的儿子听了以后，赶忙跑到田里去看，发现田里的禾苗已经全部死掉了。

《揠苗助长》的故事我们耳熟能详。我们可以将宋国农夫的遭遇简单地理解为认知错误。但如果进行深层地剖析，产生这种认知错误的根源，其实在于这个农夫急功近利的心态，欲速而不达。这个世界上能够一蹴而就的事情少之又少，绝大多数的成功都源自反复的尝试与不懈的奋斗。任何想要跳过事物发展规律而直接成功的做法，其最终结果都将是事倍功半，甚至一败涂地。

除了《揠苗助长》，还有《守株待兔》等成语典故。我们在感叹这些故事中主人公们可悲可笑的遭遇的同时，也应该认真地反思，所有这些结果的产生，其实都源于好逸

恶劳。将自己的命运与“幸运”“小聪明”捆绑在一起，或许可以赢得暂时的轻松，或者成功的假象，但最终只会陷入一个又一个无法挣脱的困境。

小张和小李是高中同学，他们一起考入了同一所名牌大学。

大学期间，小张感觉终于摆脱了老师和家长的束缚，可以放飞自我，于是沉迷游戏，经常逃课。小李每次苦口婆心地劝他，也只会招来他的敷衍和反驳。只在每次期末考试前，他才临时抱佛脚，却还是逃不过“挂科”的命运，最终因为成绩太差，被学校劝退。回家后，小张仍然不思进取，整日窝在家中打游戏，看网络直播，做一个“啃老族”。数年后，父母相继去世，小张失去了收入来源，想要出去务工，却发现自己早已与社会脱节，而且没有一技之长，谁也不愿意招聘他。穷困潦倒下，他只好去做一些坑蒙拐骗的勾当，最终被警方抓获，判刑入狱。

作为他同学和同乡的小李，则在进入大学后珍惜寒窗苦读得来不易的机会，努力学习，积极参加学校的社团活动，毕业后顺利保研，然后读博，最终留校任教，在岗位上不断提高自己的业务能力，成为了业内小有名气的学者，同时还收获了美好的爱情和幸福的家庭。

小张和小李的起点是一样的，终点却有天壤之别。原因是什么？小张因为懒惰而选择用一次次的逃避来换取短暂的轻松。而这些所谓的“轻松”最后带给他的却是无尽的悔恨与牢狱之灾。小李依靠自己的勤奋与努力，克服了重重困难。用他的辛苦耕耘换来了美好的生活。

命运是公平的，所以，造成最大困境的，往往就是我们自己，是潜藏在我们意识中的那些负能量。

那么怀揣梦想，努力进取，是否就会远离困境，一帆风顺直至成功呢？恐怕事实并非如此。

个体也好，家庭也好，企业也好，甚至一个民族，一个国家，在迈向成功的路上，一定会遇到瓶颈，遇到挫折和困境，克服了这些困境，成功就在眼前；而被困境打倒，就会萎靡不振，自食失败的苦果。

托马斯·阿尔瓦·爱迪生，生于1847年美国的俄亥俄州。他只上过三个月的小学，因为学校老师说他“愚呆”，亲友们也都这样称呼他。而爱迪生的母亲并不相信这一点，亲自作他的教师，引导他去读书。不到12岁，爱迪生就读完了很多难啃的书。爱迪生的父亲还引导他攻读牛顿原理。家庭的教育和影响，使他从小就具备了勤奋的精神和惊人的毅力。

爱迪生很喜欢科学。他很小的时候就在自己家的地窖里储存了几百个各种试验用的瓶子，建起了一个小实验室。他把平时省吃俭用的钱，全部花在购买化学用品和化学仪器上。但光靠这些钱并不能满足试验的需要。于是他就到火车上当报童。他每天清晨登车，晚上9点以后才回家，等做完试验常常已经是深夜了。后来，他发现火车的行李车厢中有一间吸烟室没有人使用，于是就把家中地窖里的试验用品搬了过来，继续坚持做化学试验。在火车上，他还学会了使用印字机，并能用电报号码记录当地新闻。于是他创办了一份报纸，这份报纸大受欢迎。

有一天，因为火车摇晃，行李滑落下来，把他试验用的一支磷杆摔到地上，车厢立即着起了火。虽然火被赶到现场的人们最终扑灭了，可是暴怒的车长却打聋了他的耳朵，造成了他的终身残疾。车长还把他的东西统统踢到了车下，并开除了他。

困难和挫折没有影响爱迪生的决心。他又在家中重建了试验室。遭遇电击，烧毁衣服，类似的事情在试验中时常发生。在一次试验中，他的脸部被硝酸灼烧得不成模样，但即使这样他也没有放弃。

爱迪生早期所做的这些努力，奠定了他日后发明创造的基础。当然，与其他伟大的发明家一样，在获得成功之前，爱迪生所走的道路并不平坦。此后，他还当过夜班电报生，在书摊和图书馆消磨了很多时间。由于几次失业，他最终不得不到纽约投奔朋友。

来到纽约的爱迪生身无分文，饿急之时只好向人讨了点水喝。这是他到纽约后的第一顿饭。他花了很长时间才找到朋友。不幸的是，他的朋友也处于失业之中。饥寒交迫的爱迪生衣着褴褛，被人看不起。后来，他被允许夜宿在一家电报室里。刚好室内设置了一台发布市价的通信机器。在他到来的第三天早上，这部机器出了故障。由于爱迪生留心钻研，很快帮助雇主修好了这台机器。他因此被留了下来，算是拥有了一份正式的工作。从这以后，他越发努力，使市价通信机逐渐崭露头角。不久，他开设了一个生产这种通信机的小工厂，从此逐步走上了发明创造的道路。

爱迪生可以说是人类历史上最著名的发明家之一。他一生创造了2000多项发明。从某种意义上来看，他的成功是毋庸置疑的。但通过他的生平，我们可以发现，他的成功道路上布满荆棘沼泽。他的成功，与其说是凭借聪明才智，不如说是依靠不屈不挠的顽强和远超常人不服输的精神，克服了一个又一个在我们看来几乎不可能摆脱的困境，才一步一个脚印地实现了令世人惊叹的成就。

人们常说：“一步难，一步佳。难一步，佳一步。”这句话就是在告诉我们，成功从来都是来之不易的。想要获得成功，遇到困境是一定的，也是常态，只有摆正心态，努力克服，才能取得胜利。

战国时期的苏秦是位著名的政治家。但他年轻时由于学问不精，曾到好多地方做事，却都不受重视。回家后，家人瞧不起他，对他也很冷漠。于是苏秦决心要发奋学习。他常常读书到深夜，困怠时，就拿着一把锥子，一打瞌睡，就用锥子往大腿上刺一下。这样，猛然间感到的疼痛可以使自己清醒，再继续读书。

后来苏秦刻苦攻读《阴符》，游说列国，得到燕文公赏识，而后出使赵国，提出“合纵六国以抗秦”的战略思想，并最终组建合纵联盟，担任“从约长”，兼佩六国相印，成为了中国历史上赫赫有名的政治家。

《苏秦挂印》是中国历史上有名的故事。殊不知苏秦在挂六国相印之前，他曾付出了锥刺股的努力。

我们每个人都会有倦怠的时候，这种倦怠会让我们松懈，然后放弃，最终一事无成。胸怀大志且意志坚定的人，则会想尽办法克服困难，付出比常人更多的艰辛和汗水，最终走出困境，实现自己的目标。

公元 1405 年 7 月 11 日，明成祖朱棣命郑和率领由 240 多艘海船、27000 多名船员组成的庞大船队开始远航。一直到 1433 年，郑和率领的这批船队一共远航了七次之多，访问了爪哇、苏门答腊、苏禄、彭亨、真腊、古里、暹罗、阿丹、天方、左法尔、忽鲁谟斯、木骨都束等三十多个位于西太平洋和印度洋的国家和地区，最远曾达非洲东岸、红海、麦加，并有可能到过澳大利亚。这一系列的航海壮举加深了中国同东南亚、东非的友好关系。

明宣德八年（1433 年），在最后一次远航的归途中，郑和在船上因病逝世。

郑和下西洋航路之遥远、之繁复，在世界航海史上是划时代的。尽管由于历史条件的限制和各种局限性，地理大发现的历史使命未能由郑和船队来完成，但因为他们所经历的航路，以及在航路中的所作所为，从而发展起了亚非各个沿海国家和地区之间纵横交错的海上交通，沟通并加强了西太平洋和印度洋沿岸各国之间的联系，从而对世界文明的发展做出了重大的贡献。

在我们当代普通人的一生中，经历过一次数日的海上旅行就足以自豪。我们也从影视作品、书籍和新闻报道中看到过海洋的喜怒无常。然而数百年前的郑和以及他的团队——两万多有志之士，就组成了庞大的船队，在变幻莫测的大海上先后航行了七次之多。

这中间经历的苦难困境已经无法用言语来形容：缺水、缺粮、缺蔬菜、飓风、海啸、意志消沉、不友好的国家等。这些困难中的任何一个，都足以摧毁这支船队。他们可以在这些困难和挫折面前选择退却，选择放弃，但他们没有这么做，而是一一克服了所有的困境。他们用钢铁般的意志给这个世界上的其他国家和人民带去了友谊、和平。郑和和其他的无名英雄们把自己的生命奉献给了这一场壮举，用自己的行动向世界展示了我们中华民族的优秀品质和大国风范。

第二节　外因

除了主观因素，即内因产生的困境外，在我们的生活中还有很多由外因，也就是客观因素引发的困境，它们同样不可忽视。稍有不慎，这些困境一样可以使我们的努力付之东流，或者事倍功半。

从小处看，这些外因可能是家境出身、疾病、突发事件等；从大处看，这些外因也有可能是行业变化、战争、自然灾害等。这些深不可测的外因无时无刻不在我们周围萦绕，且不受我们个体控制，但却可以改变我们的境况。所以我们才会说：生命充满了未知。

西汉时期有一个少年叫匡衡，他特别希望能像学堂里的孩子一样跟着老师读书。但他家里很穷，实在没有钱供他上学。于是，他经常一个人躲在学堂外面，安静地听着里面的读书声。一位亲戚看见他这么喜欢读书，很受感动，就抽空教他认字。日积月累，他终于可以自己读书了。

因为家贫，匡衡买不起书，就想办法借书来读。古时候的书是十分珍贵的，只有有钱人家才有。可是有钱人家怎么会轻易把书借给一个穷小子呢？匡衡所在的村子里有个大户人家，家里有很多藏书。为了读到书，匡衡有一天跑到那户人家求见主人。见到后，他恳求主人："请您收留我。我愿意给您干活。我力气很大，什么活都可以干。我不要工钱，只求您能把家里的书借给我看。我保证不会耽误干活，也保证不会把书弄坏。"主人看到匡衡落落大方、彬彬有礼，眼睛里充满了渴求，于是收留了他。匡衡终于如愿以偿地读到了书。

寒来暑往，匡衡每天从早到晚都在地里干活，只有中午休息吃饭的工夫才能看一会儿书。晚上回到家后，因为没钱，点不起油灯，无法继续看书。所以一卷书常常要用很长的时间才能读完，为此匡衡心里很难受。一天晚上，他从外面回家，周围一片漆黑，只有邻居家的窗户透着光亮，匡衡忽然想到了一个主意。到家后，他就在自己家与邻居家共用的那面墙上摸索来摸索去，终于找到一处墙壁有破损的地方。他找来一把小刀，沿着破损的墙壁轻轻地挖，不一会儿，一道弱弱的光线就从墙缝里透射过来。匡衡高兴极了，于是便借着这一点点光线看起书来。可光线太暗了，看一会儿，他的眼睛就会发酸发困，他就稍稍休息一下，接着再看。

就凭着“凿壁借光”这样的毅力，匡衡博览群书，终于成为西汉的著名学者。

《凿壁借光》的故事对我们来说也不陌生。但这个故事的背后却充满了艰辛酸涩与坚定执着。匡衡没有办法选择自己的出身。贫困的家境在他出生之时就为他设立了一道难以逾越的高墙。别人的唾手可得，对他而言却是遥不可及。但他并没有因此消沉，而是不断地想办法，找出路。最终，他的成就远远超过了那些比他出身条件更好的人。

同样，现今世界上有很多著名科学家、企业家，他们出身平凡，甚至有些人可以说家境贫寒。但他们凭借着和匡衡一样凿壁借光的努力，实现了人生的逆转。所以，起点并不能决定一切。相对于起点，用力地奔跑才更可贵，也更为关键。

海伦·凯勒 1880 年出生于美国一个小镇。在她一岁多的时候，一场疾病夺去了她视、听、说的全部能力。无情的命运把这个小女孩投进了黑暗与寂静、混沌与无知的世界之中。海伦 7 岁时，父母为她请来了一位名叫安妮·沙莉文的启蒙老师。这位教师的到来改变了海伦的一生。

老师把海伦带到水房，用水管中的水滴在她的手上，同时在她另一只手上拼写“水”字，这使海伦认识到世间万物都各有名称。老师把海伦带到郊外，或在家里，见到什么东西就摸什么，并在她手上拼写这些词。海伦很快便一一记住。

海伦要学说话，盲聋哑学校的校长富勒小姐便亲自教她。富勒小姐发音时，要海伦把手放在她的脸上，感觉发音时舌头和嘴的牵动情况，然后模仿着发音。慢慢地，海伦开始用嘴说话。经过艰苦的训练，海伦以超人的毅力开始学习英、法、德、拉丁、希腊五种文字，并且掌握了这些文字。

后来，海伦克服了难以想象的困难，以优异的成绩考取了美国第一学府——哈佛大学。21 岁时，海伦出版了一本自传体书——《我生活的故事》。这本书轰动了美国文坛。后来，她把毕生的精力和知识都倾注到为盲人和聋哑人谋利益的公共事业中。

一个丧失了视、听、说能力的一岁孩子，她所面对的世界是我们无法想象的。而她的人生却是我们大部分可以预见的：凄惨无助。我们普通人的起点，是她一生都无法企及的终点。

然而海伦凭借着自己的努力拼搏，做到了我们很多人一生都无法做到的事情。诚然，海伦得到了很多好心人的帮助，但这些帮助的基础却是源于她自己的不放弃和对未来充满希望。命运一度抛弃了她，但由于她的坚强、执着和努力，命运最终眷顾了她，并回馈了她。

公元前99年，由于匈奴扣押了汉朝使臣苏武等人，汉武帝派贰师将军李广利率领三万骑兵前去攻打匈奴。结果李广大败而归。李广的孙子李陵当时担任骑都尉，他带着五千名步兵跟匈奴作战，最终寡不敌众，投降了匈奴。

李陵投降匈奴的消息传到朝廷之后，汉武帝便将李陵的母亲和妻儿都下牢问罪，并且召集群臣，讨论李陵所犯下的罪行。

大臣们都指责李陵不该贪生怕死，向匈奴投降。当汉武帝问到太史令司马迁的时候，他却说："李陵所带去的兵士不过五千人，他深入腹地，抗击了数万敌人。虽然他此次打了败仗，但是却杀敌很多，也能够给天下人一个交代了。李陵不肯马上去死，我认为他一定有自己的苦衷。他肯定心中还想着日后将功赎罪来报答皇上。”

听了司马迁的话，汉武帝认为他这是为李陵辩护，勃然大怒。于是，汉武帝下令将司马迁关进监狱，交给廷尉审问。审问的最后结果，给司马迁定了腐刑（即宫刑）。司马迁家中无钱赎罪，只好受刑，之后就一直关在监狱里。

狱中的司马迁认为受腐刑是一件极其耻辱的事情，觉得自己已经毁了，没有用了。他也曾为此想过自杀。但是，他意识到自己有一件十分重要的工作还没有完成，不能就这么死掉。因为当时他正在投入全部的精力来写一部史书。

最终，司马迁凭借超人的恒心和毅力，用精湛的语言记述了从传说中的黄帝时代开始，一直到汉武帝太始二年（公元前95年）为止的这段时期的历史，将其编写成一百三十篇、五十二万字的鸿篇巨作——《史记》。

司马迁和他的《史记》可以说无人不知，无人不晓。但《史记》背后的故事，即司马迁的人生经历，却不是所有人都清楚的，因为正直，司马迁说了触怒皇帝的真话；因为家贫，司马迁无法免受刑罚和牢狱之灾。面对突如其来的灾难，他的身心都遭受了常人难以想象的摧残。因此颓废消沉也好，了结自己也罢，都是我们常人会选择的方式。但司马迁没有这样做，他从苦难中站起，为了自己心中的理想忍辱负重，最终实现了自己的抱负。

面对人生中突如其来的灾祸，我们可以悲伤，可以痛苦，但不能消沉放弃。一旦放弃，就什么都没有了。相反，我们应当振作精神坚持下去。坚持，是一切成功的基础，是所有零前面的那个一。

除了受自身周围小环境的影响，我们同样会面对大环境的变化。这些变化，有的对我们有利，有的却会带给我们强大的负面冲击。

《辛德勒的名单》这部电影相信很多人都看过。影片中辛德勒耗尽自己的一切拯救了1100名犹太人的生命。而这部电影改编自真人真事。

奥斯卡·辛德勒，出生于1908年4月28日，德国商人、间谍、纳粹党员，于第二次世界大战期间在现今位于波兰和捷克共和国境内的地区开设珐琅和弹药工厂。他通过自己在阿勃维尔的人脉帮助并保护自己工厂的犹太人免于被送进集中营，并最终成功挽救了1100名犹太人的生命，占波兰全部存活犹太人数量的1/4左右。到1945年5月战争结束时，他的所有积蓄都已经在贿赂军官和为工人购买补给中耗尽。

幸存的犹太人用自己保存下的一颗金牙，为辛德勒铸了一枚戒指，内侧刻有犹太法典上的希伯莱经文：“Whoever saves one life, saves the world entire”（救人一命，如救苍生）。

1974年10月9日，辛德勒去世，他被以天主教方式安葬在其家乡的兹维塔齐尔山上，每年都有许许多多幸存的犹太人及其后代来祭奠他。

作为一个平凡的个体，我们无法阻止战争，无法逃避战争，也无法结束战争，更无法在战争中掌握自己的命运。但辛德勒面对战争，却做出了自己的选择：尽可能多地拯救生命，哪怕这些生命是他的国家和民族所宣称的敌人。他耗尽家产，甚至冒着生命危险，努力地践行着自己的信条。战争带给人们困境，但他并没有因此迷失自我，更没有丧失人性，而是用自己的选择和坚持走出了这个困境，成为了一个高尚的人。

1998年6月12日到8月27日，中华大地经历了一场不寻常的洪水考验。在整整77天的时间里，我国汛期主雨带一直在长江流域南北拉锯及上下摆动。长江流域在经历了冬春多雨和6月梅雨季节之后，于7月下旬迎来了历史上少见的高强度“二度梅”，水位长期居高不下。8月份，长江上游的强降雨进一步加剧了中下游地区的洪涝灾害。

1998年的这场洪水是包括长江、嫩江、松花江等全流域地区的一次特大洪涝灾害。长江洪水是继1931年和1954年两次洪水后，于20世纪发生的又一次全流域型的特大洪水之一。嫩江、松花江洪水同样是150年来最严重的全流域特大洪水。

据统计，包括受灾最重的江西、湖南、湖北、黑龙江四省，全国共有29个省（自治区、直辖市）都遭受了这场天灾。受灾面积3.18亿亩，成灾面积1.96亿亩，受灾人口2.23亿人，死亡3004人，倒塌房屋685万间，直接经济损失达1666亿元人民币。

在党中央、国务院的英明领导和决策下，数百万军民众志成城，奋起抗洪。中华儿女用钢铁般的意志和大无畏的英雄气概，谱写了一曲又一曲气吞山河的抗洪壮歌。

为了战胜这场特大自然灾害，中国人民解放军和武警部队共投入兵力36万多人，地方党委和政府组织调动了800多万干部群众参加抗洪抢险；加上为抗洪抢险提供直接服务的各部门、各地区、各系统的力量，总数达上亿人。而其他以不同的方式关心、支持抗洪抢险的人们更是难以计数。

这场抗洪抢险斗争，规模大、气势壮，斗争严酷激烈。而更为重要的是，全国人民上下一心、干群一心、党群一心、军民一心、前方后方一心。通过这场伟大的抗洪抢险斗争，形成了我国万众一心、同心协力，不怕困难、顽强拼搏，坚韧不拔、敢于斗争的伟大抗洪精神。这是无比珍贵的精神财富。

天灾是我们每个人几乎在有生之年都会经历的事情。小到一场暴雨，大到泥石流、地震、洪水等。1998年的洪水，是我们几代人记忆中的伤痛，国家和民族都为此付出了巨大的代价。人类在大自然面前显得无比脆弱，然而我们中华民族在面对这场天灾时，没有退缩，没有逃避，而是调动了全体的力量，以大无畏的精神，最终战胜了自然灾害。

纵观人类历史，有很多国家和政府在面对自然灾害时，选择放弃，互相推诿、互相指责，结果就是饿殍遍野，人民流离失所，成为人间惨剧。而我们的国家和民族在困境中迎难而上，以每个人的坚定信念为基础，凝聚成一个庞大的集体力量，然后一步步走出了困境。

我国的三北地区（西北、华北、东北）在历史上曾是水草丰茂的农牧区。然而近代以来，这些地区却逐渐成为黄沙遍地的贫瘠之地。

三北地区分布着中国的八大沙漠、四大沙地和广袤的戈壁，总面积约149万平方千米，大于全国耕地面积的总和，约占全国风沙化土地面积的85%，形成了东起黑龙江、西至新疆的万里风沙线。这些地区的大部分地方年降水量不足400毫米，沙尘暴、干旱等自然灾害十分频繁，风蚀沙埋的情况非常严重，粮食产量低而不稳。

据统计，三北地区水土流失面积达55.4万平方千米（水蚀面积）。其中黄土高原的水土流失尤为严重，每年每平方千米流失土壤万吨以上，相当于刮去1厘米厚的表土。黄河每年流经三门峡地区的泥沙高达16亿吨，使黄河下游河床平均每年淤沙4亿立方米，下游部分地段河床高出地面10米，成为地上悬河。

就在这片广袤的区域里，却生活着着汉、回、蒙古、满、维吾尔、哈萨克、鄂伦春、塔吉克等22个民族，总人口约2亿人。

干旱、风沙危害和水土流失导致的生态灾难，严重制约着三北地区经济和社会的发展，使各族人民长期处于贫穷落后的状况，对中华民族的生存和发展构成了严峻的挑战。

面对这项挑战，我国政府制定并推行了一项宏伟的规划，即“三北”防护林工程。这项工程的内容是在三北地区建设大型的人工林业生态。工程建设范围囊括了三北地区13个省（自治区、直辖市）的725个县（旗、区），总面积435.8万平方千米，占我国国土总面积的45%。工程规划期限为73年，分八期工程逐步进行。

截至2018年，“三北”防护林工程在建设40年里累计完成造林保存面积3014.9万公顷；工程区森林覆盖率由1979年的5.05%提高到13.59%；活立木蓄积量由7.4亿立方米提高到33.3亿立方米。同时，“三北”防护林工程大规模植树造林种草，持续修复自然生态，累计营造防风固沙林788.2万公顷；治理沙化土地33.6万平方千米；保护和恢复严重沙化、盐碱化的草原、牧场1000多万公顷；营造水土保持林 1194 万公顷，治理水土流失面积 44.7 万平方千米；营造农田防护林 165.6 万公顷。

“三北”防护林工程的建设规模之大、速度之快、效益之高均超过世界上其他国家和地区的绿化生态工程，在国际上被誉为“中国的绿色长城”“世界生态工程之最”。

“三北”防护林工程至今仍在继续。它依然在影响着三北人民工作和生活的方方面面，甚至影响着我们的国家和整个世界。

面对三北地区恶劣的自然条件，国家和人民没有低头，没有退却，而是鼓起勇气，积极地去面对、去解决，“敢教日月换新天”。我们用 40 多年的实际行动创造了令世人瞩目的奇迹，向全世界展示了什么叫“伟大的国家”，什么叫“英雄的人民”。

相反，如果我们面对困境，选择妥协和逃避，那么结果会怎样呢？“三北”防护林工程的诞生和坚持，不是凭空铸造的，是国家和人民凭着不屈不挠的精神，历经艰辛凝聚起来的。这是大智，更是大勇。

困境可能来源于我们自身，也可能来源于我们所处的环境。意识到困境的存在以及困境的分类，这是非常重要的。因为只有具备了这个基础的认知，我们才能针对困境采取积极主动的态度，实施有效的相对措施，最终走出困境，实现破局。

第二章 正视困境

不经历巨大的困难，
不会有伟大的事业。

我们应当意识到，在我们的人生中，无时无刻不在经历着各种各样的困境。困境的常态化，是我们应当坦然面对，也必须坦然面对的。人们常说“生老病死”。“生”的问题在我们脱离母体的那一刻就已经解决，接下来漫长的人生中，我们要经历的就是“老病死”的困境。明白了这一点，就端正了一个基本态度：人生，遇到困境是必然；顺风顺水才是偶然。

那么既然逃脱不了一个个的困境，我们是不是就索性认输放弃呢？答案是否定的。虽然人类从出生到死亡，都要面对各种各样的困境，但作为这个星球上最智慧的高等生物，我们同样具备了解决各种各样困境的能力。人类的历史，就是一部不断遇到困境再走出困境的历史。从茹毛饮血到刀耕火种，再到一步步实现今天的繁荣昌盛，人类用事实证明：个人的意志、群体的智慧和力量，可以让我们克服众多艰难险阻，成就伟大的事业。

第一节 陷入困境是常态

我们每个人一生中会时常身处各种各样的困境中。

在生活中，我们是不是或多或少总会有这样类似的经历：早晨起床比平时晚了半小时，匆匆忙忙穿衣洗漱；出门后发现天气极差，又错过了班车地铁；到了上班地点，因为迟到被领导训斥；等开始工作的时候，发现由于出门太着急，又忘了带重要的物品；接下来整个一天都狼狈不堪。对此，我们会说：“今天真倒霉。”

这个“倒霉”，就是我们对遇到的困境的下意识的总结。其实类似这样倒霉的事，在这个世界上每天都在发生。我们的遭遇，并不是特例。

烛之武，又名烛武，春秋时期郑国考城人。烛之武三朝为官，满腹经纶，却始终不得重用，在郑国一直担任“圉正”（养马的长官）。他一生忍受的寂寞和煎熬，是常人难以想象的。但烛之武并没有自暴自弃、妄自菲薄，而是以惊人的毅力在寂寞中坚守不懈。

鲁僖公三十年（公元前630年），烛之武已经年过花甲。时逢晋国和楚国大战于城濮，结果楚国大败，晋国的霸业完成。在城濮之战中，郑国曾协助楚国一起攻打晋国，而且晋文公年轻时流亡到郑国，曾受到过冷遇，所以晋文公把新仇旧怨加到一块，于两年后联合秦国讨伐郑国。

郑伯闻讯后，派烛之武面见秦穆公，劝他退兵。烛之武抓住利害关系，巧妙地利用秦晋两国的矛盾，并表现出处处为秦国利益着想的样子，为秦穆公分析当时的形势，阐明了保存郑国对秦国有利，灭掉郑国对秦国不利的道理，终于说动秦国退兵。晋军失去盟军支持后，也被迫撤离了郑国。

烛之武在国家的危急时刻，也是最为关键的时刻，用自己的才智完成了人生的辉煌一击，为自己画上了一个完美的句号。

《烛之武退秦师》是我们熟悉的历史典故。如果说“倒霉”，烛之武一生都在倒霉：有才难施，有志难舒。他的困境不在于其种类的多寡，而是一种困境的持续不间断。而这种不间断的困境，会消磨人的意志，改变人的性格，最终毁掉自己的人生。但烛之武并没有对困境屈服，即便在漫长的煎熬中，他依旧坦然面对，并坚持了下来。

或许有人会说，因为烛之武最终得到了那个施展才能的机会。可是很少有人会想到，如果烛之武早早地放弃、沉沦，即便那个机会来临，他也一样无法抓住。或者说，烛之武自己并不知道在人生中终于会等到这样一个机会，但他依然选择了坚守，没有向困境和命运妥协。应该说，正是因为有了烛之武乐观积极的心态和坚持，才有了后来名留青史的“退秦师”。

1866 年 11 月 12 日，孙中山诞生于广东香山翠亨村一个普通的农民家庭。

1892 年，孙中山从香港西医书院毕业之后，在澳门、广州等地行医。他的医德和医术很受人们的认可。后来，他看清了中国社会的现实，认识到“医术救人所济有限，其他慈善事业亦然”。于是他决定放弃医学，全心投入到革命救国的工作中去。

1905 年 8 月，孙中山与黄兴等人在日本东京创建了全国性的资产阶级革命党同盟会，即中国同盟会。该会以兴中会、华兴会等革命团体为基础，提出了“驱除鞑虏，恢复中华，建立民国，平均地权”的革命纲领。孙中山被推举为总理。他在同盟会机关报《民报》发刊词中首次提出“民族、民权、民生”三大主义。

1911年10月10日，武昌起义（即辛亥革命）爆发，各省积极响应，终于推翻了清政府的统治。12月下旬，孙中山回国，被推举为中华民国临时大总统。1912年1月1日，孙中山在南京宣布就职，随即组成中华民国临时政府。之后孙中山又迫于形势，辞去临时大总统一职，革命成果被袁世凯所窃取。篡夺了革命胜利果实后，袁世凯独裁专政，倒行逆施，中国再度陷入动荡与不安之中。

1913年，孙中山为捍卫共和，高举民主、共和的大旗，发起第二次革命，讨伐袁世凯，但遭遇失败。之后孙中山被迫逃亡到日本。

1917年，以段祺瑞为首的北洋军阀解散国会，废弃了《中华民国临时约法》。孙中山又在广州建立护法军政府，被推举为大元帅。然而，南北军阀沆瀣一气，第一次护法运动失败。孙中山于1918年辞去大元帅职务，陷入了孑然无助的境地。

1919年的“五四运动”给了孙中山极大的鼓舞，孙中山于同年将中华革命党改组为中国国民党。1920 年，孙中山回到广州，准备将两广作为根据地进行北伐。但广东军阀陈炯明叛变，孙中山再一次陷入困境。1924 年 1 月，他主持召开了国民党第一次全国代表大会。会上，孙中山根据“联俄、联共、扶助农工”三大政策，将旧三民主义发展成了新三民主义。

1924 年 10 月，奉系军阀张作霖和直系将领冯玉祥联合发动政变，推翻了直系军阀的统治。10 月下旬，孙中山应冯玉祥、段祺瑞、张作霖的电邀抱病北上，共商国是，沿途受到人民的极大欢迎。

1925 年 3 月 12 日，为中国革命积劳成疾的孙中山因患肝癌在北京逝世。1929 年 6 月 1 日，孙中山先生的遗体被移葬在南京东郊山麓。

细数孙中山先生的一生，就是不断失败且不断站起来的一生。终其一生，他都在为中国的独立和民族的崛起而奋争。但直到逝世，他都没能看到这一天的到来。为了这个目标，他遭遇过嘲笑、诽谤、侮辱、排挤、背叛、暗杀等。这些困境对他而言如影随形，纠缠一生。但没有人会说他的人生是失败的。因为他从未逃避过这些困境甚至是绝境。

相反，正因为他凭着超人的毅力和信念，一次次跨过了这些困境，才使他成为国人的骄傲。

与他相比，我们在生活中面对挫折和困境时，是否经常退却和自怨自艾呢？我们总是将这些困境的出现归结为命运不公，对此怨天尤人，却从未拥有这样一种心态：我知道我的人生将面临各种困境，但我决不会向它们认输低头，而是时刻做好了准备去迎击它们。

在美国曾经有一位穷困潦倒的年轻人，即使身上全部的钱加起来都不够买一件像样的西服的时候，仍全心全意地坚持着自己心中的梦想：他想做演员，拍电影。

当时，好莱坞共有500多家电影公司，他逐一数过，并且不止一遍。后来，他又根据自己认真制定的路线与排列好的名单顺序，带着自己写好的剧本前去拜访。

但第一遍下来，所有的电影公司没有一家愿意聘用他。面对百分之百的拒绝，这位年轻人没有灰心，而是从最后一家被拒绝的电影公司出来之后，开始了他的第二轮拜访与自我推荐。

在第二轮的拜访中，500多家电影公司依然拒绝了他，但他仍未放弃。第三轮的拜访结果仍与第二轮相同。这位年轻人咬牙开始了他的第四轮拜访，当拜访完第349家后，第350家电影公司的老板终于愿意让他留下剧本。

几天后，年轻人获得通知，那家公司请他前去详细商谈。就在这次商谈中，这家公司决定投资开拍这部电影，并请这位年轻人担任自己所写剧本中的男主角。这部电影名叫《洛奇》。

这位年轻人的名字就叫西尔维斯特·史泰龙，原名迈克尔·西尔维斯特·史泰龙。他的父亲是一位意大利移民，母亲是一位法德混血。史泰龙在美国纽约市贫民区的一所慈善医院出生。由于难产，医生误用助产钳助产，造成史泰龙左脸颊部分肌肉瘫痪，左眼睑与左边嘴唇下垂，并且口齿不清。他在少年时代，经历了父母离异，以及十多次转学。在青年时期，他生活费用的来源是一个又一个的零工：在动物园清洗狮子笼，送比萨饼，帮助别人钓鱼，在书店帮人照看书摊以及在电影院当领座员。

而现如今，翻开美国电影史，那部名叫《洛奇》的电影与这个日后尽人皆知的西尔维斯特·史泰龙皆榜上有名。

出生时留下的残疾，成长中经历的坎坷，年轻时的怀才不遇，这些都发生在了史泰龙的身上。在拍摄《洛奇》

之前，可以说他的早期人生就是由各种各样的困境所构成的。而这种常态化的困境生活足以彻底摧毁一个人。史泰龙有极大可能成为一个小混混，或者一个瘾君子，甚至是一名罪犯。但他没有被这些困境所击垮，而是一步步走了过来。甚至在机会来临之前，命运仍然给予了他一千多次的拒绝作为考验。如果他遭遇一次拒绝就无法承受，选择放弃，那么他就不可能获得今天的成就。

同理，我们在生活中，在求学求职的时候，如果遭遇一次失败就心灰意冷，那么结果肯定是与理想的学校和工作失之交臂，从此只会留下懊悔。相反，如果我们坚持下去，一次不行就两次，两次不行就三次……那么，我们就有可能取得最后的胜利。

19世纪法国伟大的批判现实主义作家巴尔扎克的一生，充满了艰辛与坎坷。

巴尔扎克出生于法国中部图尔城的一个中产阶级家庭。他虽然是长子，但很少得到家庭的温暖，出生不久便被送到图尔近郊，由一个宪兵的妻子抚养，几乎被家人遗忘。稍大一些便被送到旺多姆教会学校寄读，过着极其严格的幽禁生活。学校里的学习制度古板而严肃，教师冷漠且缺乏人情味。回到家以后巴尔扎克也得不到父母的宠爱，反而是接连不断的白眼和呵斥。巴尔扎克后来回忆自己的成长经历时曾经说道："我经历了人的命运中所遭受的最可怕的童年。我从来不知道什么叫母爱。"

1814年，巴尔扎克随父母迁往巴黎居住。在巴黎，他以超人的忍耐力，想尽一切办法完成了学业，并顺利进入大学学习法律。在校期间，巴尔扎克在律师事务所担任了文书。这份工作使他了解了很多法律无能为力的丑恶之事，认识到巴黎是一座"可怕的魔窟"，也看到了资产阶级的虚伪。这些经历为他日后的文学创作提供了大量的素材。

1819年的夏天，巴尔扎克立志从事文学创作。那时他的住所就是位于巴黎圣安东郊区莱特居耶尔街9号5层楼的一间阁楼。阁楼咫尺见方，冬冷夏热，简陋寒酸。巴尔扎克不分昼夜地勤奋书写。1820年他创作的《克伦威尔》遭遇了失败，加上父母的反对，使他本就窘迫的生活雪上加霜。为了生计，巴尔扎克又被迫与书商合作，却又再次失败。接着他又从事了印刷厂、铸字厂的经营，仍旧惨淡收场。他的债务最多时达到数万法郎。为了躲债，他先后6次迁居。巴尔扎克曾经对朋友说："我经常为一点面包、蜡烛和纸张发愁。我常像兔子一样四处奔跑躲避债主。"但这些对常人来说的悲惨经历，却最终成为了他的创作素材。

即便在如此窘迫潦倒的生活中，巴尔扎克也从未忘记自己的梦想，从未停下自己的创作。1829 年，他的《朱安党人》问世，获得世人一致好评。这是他以现实主义的手法写作的第一部成功作品。作品无论从结构、表现技巧以及细节方面都显示出伟大小说家的才华。

在之后的人生中，巴尔扎克佳作连连。他陆续创作了《高老头》《欧也妮·葛郎台》以及《幻灭》等传世名著。巴尔扎克的作品对现实观察之细致，对社会本质揭露之深刻，塑造人物形象之生动，艺术手法之高超，使他无可争议地被列入世界文学大家之林。

在这接下来的 20 年里，巴尔扎克每天工作达 18 个小时，先后出版了 90 多部作品。每部作品都经过反复修改，排一次版，校样要换十几次。

1850 年 8 月 21 日，在巴尔扎克的葬礼上，另一位伟大的文学家雨果在其所致的悼词中说："在伟大的人物中间，巴尔扎克是最伟大的一个；在优秀的人物中间，巴尔扎克是最优秀的一个。"

纵观巴尔扎克的一生，我们会发现，他的命运比我们大多数人要悲惨很多：几乎没有爱和温暖的童年时代，穷困潦倒的青年时代，负债累累、作品不被世人认可的壮年时代。然而所有这些悲惨的遭遇，并没有阻碍巴尔扎克成为一个伟大的文学家。

那么他是如何做到的呢？其实很简单：坚持自己的梦想，不忘初心，不断提升自我，并勇敢地去战胜由此产生的各种困境。

当我们拥有一颗不甘寂寞的心，怀揣着一个五彩缤纷的梦想，并决定为之奋斗时，我们要明白：前行的道路没有捷径，一定会布满各种困境与挫折。只有拥有了这个心理准备和觉悟，我们才有可能克服接下来的艰难险阻，最终实现自己的梦想。

第二节　走出困境是必然

无论在生活中遇到什么样的困境，我们都要树立一种信念，那就是：我一定可以克服它，然后走出去。

这种必胜的信念会给予你接下来战胜困境的底气，并能够支撑你坚持下去，直到成功的那一刻。这种信念不是别人给的，它需要依靠自己来创造，并不断强化。

“狭路相逢勇者胜。”高手之间的切磋比试，胜负往往只在毫厘之间。而这毫厘之差，就在于心态。谁取胜的信念越强烈、越执着，谁就能战胜对方、获得成功。所以，想要克服困境，走出困境，就必须拥有一颗坚强的大心脏。而拥有了这颗大心脏之后，你会发现，原本以为难以逾越的困境，往往并没有想象中的那么可怕，一切都是因为我们内心的自我设限将它夸大了。

1865年，美国南北战争结束，一位叫马维尔的记者采访林肯。

马维尔问:“据我所知上两届总统都曾想过废除黑奴制。解放黑人奴隶宣言早在他们那个时期就已草拟。可是他们都没拿起笔签署它。请问总统先生，他们是不是想把这项伟业留下来，让您去成就英名?”

林肯回答道:“可能有这意思吧。不过，如果他们知道拿起笔需要的仅是一点勇气，我想他们一定会非常懊丧。”

这段话发生在林肯去帕特森的时候，马维尔还没来得及问下去，林肯的马车就出发了。因此，他一直都没弄明白林肯的这句话到底是什么意思。

直到1914年，林肯去世50年后，马维尔才在林肯致朋友的一封信中找到答案。在信里，林肯谈到幼年的一段经历：我父亲在西雅图有一处农场，地里有许多石头。正因为如此，父亲才得以较低的价格买下它。有一天，母亲建议把上面的石头搬走。父亲说如果可以搬走的话，主人就不会卖给我们了。它们是一座座小山头，都与大山连着。有一年，父亲去城里买马，母亲带我们在农场劳动。母亲说:“让我们把这些碍事的东西搬走，好吗?”于是，我们开始挖那些石头。没过多久，我们就把它们移走了。因为它们并不是父亲想象中的山头，而是一块块孤零零的石块，只要往下挖一英尺，就可以把它们晃动。

林肯在信的末尾说，有些事情一些人之所以不去做，只是他们认为不可能。有许多不可能，只存在于人的想象之中。

读到这封信的时候，马维尔已是76岁的老人了，就是在这一年，他正式下决心学外语。据说，1922年，他在我国广州采访时，是以流利的汉语来对话的。

南北战争是一场改变美国历史的战争。它的起源可以简要地归结为林肯在任职总统期间签署了《解放黑人奴隶宣言》。他在签署的那一刻，一定预见到了可能付出的代价，但他仍然完成了这个壮举。他将其归结为“勇气”。其实这个勇气，就是那种必胜的信念。

困境总会披着恐怖的外衣张牙舞爪地出现在我们面前，胆小懦弱的人，就会被它吞噬毁坏；勇敢无畏的人则会直面它，然后撕碎它的外衣，进而彻底击溃它。

我们在生活中，总会遇到这样的事情：这项工作实在是完成不了，因为时间紧，而且自己从来没有接触过，一点头绪都没有。但如果我们咬牙坚持，想尽办法去钻研，去解决，当我们最终跨过这些障碍，再回头去看的时候，往往会觉得原来它们也不过如此。而绝大多数的困境，其本质都是这样的。这时，就需要有必胜的信念。它可以帮助我们在第一时间摒弃掉所有的负面情绪，转而积极主动地去解决问题。

太行、王屋两座山，方圆七百里，高七八千丈，本来在冀州南边，黄河北岸的北边。

北山下面有个名叫愚公的人，年纪快到90岁了，在山的正对面居住。他苦于山区北部的阻塞，出来进去都要绕道，就召集全家人商量说："我跟你们一起挖平险峻的大山，使道路一直通到豫州南部，到达汉水南岸，好吗？"大家纷纷表示赞同。他的妻子提出疑问说："凭你的力气，连魁父这座小山都不能削平，能把太行、王屋怎么样呢？再说，往哪儿搁挖下来的土和石头？"众人说："把它扔到渤海的边上，隐土的北边。"

于是愚公率领儿孙中能挑担子的三个人上了山，凿石头，挖土，用箕畚运到渤海边上。邻居京城氏的寡妇有个孤儿，刚七八岁，也蹦蹦跳跳地去帮助他们。就这样，冬夏换季，才能往返一次。

河曲的智叟讥笑愚公，前来阻止他："你简直太愚蠢了。

就凭你残余的岁月、剩下的力气，连山上的一棵草都动不了，又能把泥土石头怎么样呢？”北山愚公长叹说：“你的思想真顽固，顽固得没法开窍，连孤儿寡妇都比不上。即使我死了，还有儿子在；儿子又生孙子，孙子又生儿子；儿子又有儿子，儿子又有孙子；子子孙孙无穷无尽，可是山却不会增高加大，还怕挖不平吗？”河曲智叟无话可答。

握着蛇的山神听说了这件事，怕愚公没完没了地挖下去，便向天帝报告了事情经过。天帝被愚公的诚心感动，命令大力神夸娥氏的两个儿子背走了那两座山，一座放在朔方的东部，一座放在雍州的南部。从这时开始，冀州的南部直到汉水南岸，再也没有高山阻隔了。

《愚公移山》的故事妇孺皆知。严格地讲，它应该是传说。但这个传说向我们传递了一个颠扑不破的道理：再大再难的困境，只要怀揣着必胜的信念，沿着既定解决方法坚持下去，就一定会战胜困境，破局而出。

有人会反问：愚公最后的胜利是因为天神的帮助。事实真的是这样吗？我们应该看到愚公只是一介凡人，他的力量不会比你我更强。而面对大山的困境，他有的只是世世代代挖山填海的觉悟和一定胜利的信心。他的这份觉悟与信心同样感染并凝聚了自己身边的人，从而形成了一股强大的力量。这份力量足以令山神都感到恐惧，深信愚公以及他的团队可以完成这项看似不可能完成的任务。所以山神为了自保，才会禀告天帝，最终选择了离开。

愚公不愚，智叟非智。我们在学习和工作中，有多少次在碰到难题时还没有尝试解决就自我催眠般地告诉自己：我肯定不行的。然后我们就从一次不行，到两次不行，三次不行，直至最后变成次次不行，什么也不行，最终一事无成。而那些我们眼中优秀的人，成功的人，在遇到难题时，他们告诫自己的是：我一定可以！我一定能够解决这个难题！然后他们就从一次成功，到两次成功，三次成功，直到最后成为成功人士。

是彼此心态上的差距决定了接下来的一切行动，从而决定了我们的人生轨迹。

一个人年近而立，在正值人生巅峰时却被查出患了白血病。无边无际的绝望一下子笼罩了他的心。终于有一天，他决定结束自己的生命。

那是个深秋的午后，这个人从医院逃出来后一个人在街上游走，思考着结束生命的方式。忽然，一阵略带嘶哑又异常豪迈的歌声吸引了他。他发现在天桥下，一位双目失明的老人正手拉一把破旧的二胡，向着寥落的人流动情地自弹自唱。尤其引人注目的是，盲人的怀中竟挂着一面镜子。

“镜子是你的吗？”趁盲人一曲唱罢歇息时，这个人不解地问。

“当然。自我离家那天起就一直把它带在身上。我有两件宝贝：一件是二胡，另一件就是这面镜子。”

“可这面镜子对你毫无意义啊。”这个人再问。

盲人面色坦然地说：“我希望有一天奇迹出现，能用这面镜子看见自己的脸。因此我一直带着它。”

这个人的心一下子被震撼了：“一个盲人尚且如此热爱生活，而我呢？”他突然顿悟，也终于找到了自己的生存方式。尽管每次化疗都会给他带来巨大的痛楚，但从那以后他再没有逃避过。病情稳定时，他就笔耕不辍地写歌，在有限的生命里完成自己未竟的梦想。

从与盲人邂逅的那天起，他觉得自己也拥有了人生弥足珍贵的两件宝贝：一个是乐观积极的心态，另一个便是屹立不倒的信念。他认为上帝正在与他玩一场生死游戏。而这场游戏的残酷性在于：上帝打算拉他进入天堂，他则要与上帝赌一回，在天堂唱一首歌再回来。

当苦难和困境不可避免地到来时，我们面临两个选择：一是接受现状，坦然面对，保持乐观积极的态度继续前行；二是逃避现实，走向恶劣的极端。

很多人会选择后者，却很少想过，既然现实已然来到我们面前，那么无论我们接受与否，它都不会再消失。所以我们需要做的，就是放弃幻想，勇敢地面对现实，并坚信在不断的努力下，这些苦难和困境终有一天会成为过去。

三只青蛙同时掉进了一个鲜奶桶中。

第一只青蛙说："这是命。"于是它盘起后腿，一动不动地等待着死亡的降临。

第二只青蛙说："这桶看起来太深了，凭我的跳跃能力是不可能跳出去的。我今天死定了。"于是，它沉入桶底淹死了。

第三只青蛙打量四周后，坚定地说："不可能。一定有办法跳出去。我一定要跳出去。"

于是，它一边划一边跳。虽然每次尝试无法预测成功的概率，它坚持着，不住跳跃着，终于它纵身一跃，成功跳出了奶桶。

所谓的绝境就真的一定是绝境吗？面对所谓的绝境，我们能做的就只是放弃和认命吗？

上面的故事虽然只是一则寓言，却告诉了我们一个道理：只要自己不放弃，就一定有办法绝地求生。你不采取积极的措施，困境就一直存在。主动出击，困境也会慢慢变化，从而出现转机。而这一切的前提，就是正视困境，并拥有战胜困境的坚定信心。

美国洛杉矶市的蒙特利公园队在一次比赛中，有几位球员出现了食物中毒的现象。经推断可能是贩卖机里的汽水出了毛病，因为这些人都是在光顾了那台贩卖机之后才发现身体有异样。

赛场的喇叭随之便开始广播，警告人们注意别去买贩卖机里的饮料，因为有人病了，同时还描述了发病的症状。

整个观众席顿时便发生恐慌。有人开始反胃，有人昏厥，甚至有的只是经过贩卖机而什么都没买的人都觉得不对劲了。那天救护车飞驰于球场和医院之间，忙着载运中毒“患者”。

后来经过证实贩卖机并没有问题。而奇怪的是先前的很多病人在得知这个消息后，竟然都不药而愈。

在生活中，有多少困境是由我们自己的心魔造成的？原本一个小小的挫折，被我们自己无限放大，最后竟然成为身心的桎梏，成为人生中无法逾越的障碍。

信念，就像一把双刃剑。它既可以帮助我们走出看似无法突破的局面，也可以让我们深陷其实并不复杂的困境中无法自拔。而这一切，都只在我们自己的一念之间。

杨继盛，河北容城人，字仲芳，号椒山，明朝中期著名的谏臣。

32岁时，杨继盛考中进士，初入南京吏部，三年后调升北京兵部车驾司员外郎。此时正值嘉靖帝在位后期。嘉靖帝笃信道教，一心成仙，在西苑深居不出，长达二十年不见朝臣。朝政尽悉落入宰相严嵩之手。严嵩与其子严世蕃狼狈为奸，不顾北有俺答侵扰、南有倭寇犯海，一心敛财，党同伐异，擅政专权，朝中正直之士无不对此深感忧虑和愤恨。

杨继盛初到北京兵部任职，正赶上向严世蕃行贿才当上大将军的仇鸾。仇鸾不敢与俺答作战，他与俺答妥协，建议互开马市。杨继盛当即上书《请罢马市疏》，直言“十不可五大谬”，严词反对。然而在严党的诋毁下，杨继盛获罪下狱，被刑具掰断了手指，又在出狱后遭贬谪，到甘肃临洮狄道县任典史。

之后不到一年，马市的真相败露，嘉靖帝自觉冤枉了杨继盛，特旨将他调升山东诸城知县，一个月后又调到南京户部任主事，再后来升至刑部任职，马上又转任兵部武选司员外郎。不到半年的时间，杨继盛连迁四职，一时风光无两。

武选司员外郎主管武官的考评升迁，被视为兵部肥差。杨继盛完全可以凭此职位发财升官。但他却一心报效国家，全然不考虑前次上疏的后果，到职未满一月便写成《请诛贼臣疏》，痛斥严嵩的“五奸十大罪”。在起草疏稿时，他的许多亲朋好友都百般劝说，希望他“隐忍为上”。但杨继盛却丝毫不为所动。

杨继盛上疏后，被投入死牢，受到了比之前更残酷的大刑。严嵩指示党羽将杨继盛绞杀，但碍于众议不敢下手，只能将他囚禁。初入狱时，杨继盛的好友曾托人密送蚺蛇

（即蟒蛇）之胆，嘱咐杨继盛吃了可止痛。但杨继盛得知后慨言道："椒山自有胆，何蚺蛇为？"

明代死牢暗无天日，杨继盛在狱中遭受了各种严刑峻法，全身骨断筋折，体无完肤，而严嵩一党却断绝他的医疗诊治。杨继盛为了继续抗争，便打碎吃饭的瓷碗，用瓷片刮去溃烂的腐肉，将刮不净的筋扯断。在一旁为他持灯照明的狱卒见状吓得浑身发抖，杨继盛却意气自如。

嘉靖三十四年（1555 年）十月，严嵩授意刑部尚书何鳌，将杨继盛等九人处决，弃尸于市。杨继盛临刑前，将自书年谱交予其子，并作诗："浩气还太虚，丹心照千古。生前未了事，留与后人补。"

隆庆元年（1567 年），即杨继盛死后十二年，明穆宗朱载垕继位，抚恤直谏诸臣，以杨继盛为首。追赠其太常少卿，谥号"忠愍"，予以祭葬。

隆庆二年（1568 年），直隶监察御史在保定百姓的要求下，上奏道："保定府是杨继盛的故乡。本地官吏和百姓请为杨继盛立祠，以作永久的纪念，请求批准。"朱载垕很快批准，并定名为旌忠祠。

杨继盛入仕仅五年，其间七易其职、六赴任所、一地

贬谪、两次入狱，最终遭严党杀害，死时年仅40岁。

杨继盛在报国救民的道路上所经历的苦难挫折，是我们难以想象的，可他从未退却。因为他有着坚定的信念和赴死的觉悟。正是这份信念和觉悟，引领他抗争到了最后。

虽然杨继盛最后被杀害了，但没有人会说他是失败的；相反，他是成功的。在严嵩一党的严刑拷打下，他不曾有过一刻屈服，到死都坚持着自己心中的正义，所以失败的是严嵩一党。他们可以折磨，甚至摧毁杨继盛的肉体，但最终都无法打败他的精神与意志。而他的这份精神与意志，还激励了后世一代又一代的人。

“椒山自有胆。”这就是精神的力量，这就是信念的力量。当我们连生死都置之度外的时候，一切现实的困境都将在我们面前恐惧和退缩，直至消亡。

所以，当遭遇挫折、陷入困境时，不要沮丧逃避，更不能放弃认输，要怀着必胜的信念去勇敢地面对，去积极地思考，去努力地拼搏。这才是正确的破局方法。

第三章

破局一：改变现状

变者，

天道也。

这个世界是变化流动的。山曾经是海，海又可能造出山。水遇冷成冰，见热化汽。就连日月星辰都无时无刻不在运动中变换着自己的轨迹。所以当我们遭遇困境、陷入僵局时，就需要做出改变。

不变的是我们战胜困境、破局而出的信心，而以此为基础，在合情合理合法的范围内，什么都可以去改变。人类之所以能够走到今天，就是因为人类通过改变适应了这个世界，并积极地给予这个世界变化。

所以，破局的第一要点，在于改变。“穷则变，变则通，通则久。”

第一节　改变思维

我们每个人由于成长经历的不同，会形成各自不同的固有思维模式，并用这种固有的思维模式去思考和尝试解决人生中遇到的一切问题。这就像拿着一把钥匙的孩子，试图去打开自己遇到的各式各样的锁孔。

或许有的人幸运些，拥有所谓的“万能钥匙”。但它也只不过是打开的锁孔比一般钥匙多一些。想要打开所有锁孔，仅凭一把钥匙是远远不够的。

那么真正的“万能钥匙”是什么呢？就是根据不同问题可以研究出不同解决方法的思维模式，即因时制宜，因地制宜，因事制宜。

砒霜有毒，但医家却用来入药，可以治病救人；荔枝虽然美味，吃得太多也于身体无益。任何事物都不是绝对的，关键在于使用它们的人。

战国时，楚国有个人坐船渡江。船到江心，楚人一不小心，随身携带的一把宝剑滑落。他赶紧伸手去抓，可惜为时已晚，宝剑已经落入江中。船上的人对此感到非常惋惜。

但那楚人似乎胸有成竹，马上掏出一把小刀，在船舷上刻上个记号，并且对大家说：“这是宝剑落水的地方，所以我要刻上一个记号。”

大家都不理解他为何要这样做，也不再去问他。

船靠岸后，那楚人立即在船上刻有记号的地方下水，去捞取掉落的宝剑。楚人捞了半天，始终不见宝剑的影子。他觉得很奇怪，自言自语地说：“我的宝剑不就是从这里掉下去的吗？我还在这里刻上了记号，现在怎么会找不到呢？”

听他这么一说，那些人纷纷大笑起来，说道：“船一直在行进，而你的宝剑却沉入了水底，不会随船移动，你又怎能找得到你的剑呢？”

《刻舟求剑》这个故事中的楚人几千年来一直是世人嘲笑的对象。他用错误的思维去解决问题，迂腐、死板，不懂得变通。可我们就真的有资格去嘲笑这个楚人吗？在现实生活中，我们是否也经常做着“刻舟求剑”般的事情呢？

明明国家或者地方政府的政策已经有所变化，却依然按照过去的惯性在经营着自己的企业；明明已经时过境迁、物是人非，却依然沉浸在过去的辉煌或者懊悔中无法自拔；明明知道行业内或者领域里已经发生了巨大的技术革新与知识迭代，却依然用过时的经验在工作和学习。所有这些，都是刻舟求剑，而结果就是花了工夫却一无所获。

大约在4000多年前，我国的黄河流域洪水为患。尧命鲧负责领导与组织治水工作。鲧采取“水来土挡”的策略治水，却以失败告终。鲧治水失败后，尧又任命其子禹主持治水大任。

于是禹就带着尺、绳等测量工具到主要山脉、河流做了一番严密的考察。大禹在河北东部、河南东部、山东西部和南部，以及淮河北部考察。一次，他们来到了河南洛阳南郊。这里有座高山，属于秦岭山脉的余脉，一直延续到中岳嵩山，犹如一座东西走向的天然屏障。高山中段有一个天然的缺口，涓涓细流就由隙缝轻轻流过。由于山口过于狭窄，难以通过汛期的洪水，从而导致黄河淤积，流水不畅。

于是禹大刀阔斧地修正治水策略，改“堵”为“疏”：疏通河道，拓宽峡口，让洪水能更快地通过。同时他还运用了“治水须顺水性，水性就下，导之入海”的理念，高处就凿通，低处就疏导，并根据轻重缓急，定下了治水的顺序：先从首都附近地区开始，再扩展到其他各地。

在禹的带动下，治水进展神速。大山终于豁然展开，形成两壁对峙之势。洪水由此一泻千里，向下游流去，江河从此畅通。

面对滔天的洪水，大禹并没有沿袭自己父亲的治水方针，而是改堵为疏。这是正确的，也是高明的。当面对同样的困境，已经有失败的教训时，我们就需要认真研究先前失败的原因，然后及时地做出调整。

同时，改变思维，就要敢于挑战权威，打破常规。别人都是这样的，并不代表这样就是正确的；某某曾经说过什么什么，那也是此一时彼一时，并不代表永远都是标准答案。

纽约有一家新开业的银行想要迅速打开知名度，于是选择在电台做广告。一般的做法是大肆宣传，搞些促销活动，或者请名人做推广。

但这家银行没有采用其他银行开张使用的常规宣传方法。他们认为要想快速获得知名度，就需要明显的差异化才会赢得关注。

于是他们买断了纽约各电台黄金时段10秒钟的时间，向人们提供沉默时间：“听众朋友，从现在开始播放，由本市某某银行向您提供的沉默时间。”

然后整个纽约所有电台都在这一段时间沉默。观众被这莫名其妙的10秒钟激起了兴趣，开始纷纷讨论。各大媒体也争相报道，一时间该银行的这一举动成了热门话题。

于是这个沉默的时间以自己的不说话唤起了所有人的聆听和热议。

我们可以认为，如果这家银行使用的是常规宣传方法，得到的结果也只会是平淡无奇，甚至有可能投入与产出不成比例。

所幸这家银行打破了惯性思维，面对如何获得更多的关注这个难题，他们选择了反其道而行之，使用了创新的方法。没有人规定广告就必须要大张旗鼓地耗费口舌，对自己的产品夸夸其谈。用沉默来激起人们的好奇心，从而引起话题和关注度，这就是一个精彩的通过改变思维来走出困境的正面案例。

日本东芝电气公司在1952年前后曾一度积压了大量的电扇。7万多名东芝职工为了打开销路，费尽心机地想了不少办法，却收效甚微。

有一天，一个小职员向当时的董事长石坂提出了改变电扇颜色的建议。在当时，全世界的电扇都是黑色的，东芝公司生产的电扇自然也不例外。这个小职员建议把黑色改为浅色。这一建议引起了石坂董事长的重视。经过研究，公司采纳了这个建议。

第二年夏天，东芝公司推出了一批浅蓝色电扇，大受顾客欢迎，市场上还掀起了一阵抢购热潮。几个月之内东芝公司就卖出了几十万台电扇。从此以后，在日本以及全世界，电扇就不再是统一的黑色面孔了。

没有人规定电扇必须是黑色的，但电扇是黑色的这个观念曾经深深地植入了人们的思维中，成为了一种定式，束缚了我们的思考。而这名东芝职员却改变了自己的思维模式，打破常规，从而解决了问题。

我们都知道，两点之间直线最短。但有时如果笔直地前行，就会遇到阻碍或危险，所以适当地绕行，甚至折返，都是可以的，甚至有时是必须的。

有个人因为吃不饱穿不暖而在上帝面前痛哭流涕，诉说自己生活的艰苦：天天干活累得半死，却挣不到几个钱。

接着他开始埋怨：“这个世界太不公平了。为什么富人天天悠闲自在，而我这样的穷人就应该天天吃苦受累？”

上帝微笑地问：“要怎样你才觉得公平呢？”

穷人说：“要让富人和我一样穷，干一样的活。如果富人还是富人，我就不再抱怨了。”

上帝答应了他，把一位富人变成了和穷人一样的人，并给了他们一家一座煤山。他们每天可以把挖出来的煤卖掉来买食物。期限是一个月。

穷人和富人一样开始挖山。穷人习惯了干粗活，挖煤对他来说就是小菜一碟。很快他就挖了一车煤，然后到集市上卖了一些钱。他用这些钱全买了好吃的食物拿回家给家人解馋。富人平时没干过重活，挖煤时一会儿停一下，累得满头大汗，到了傍晚才勉强挖了一车拉到集市上卖。换来的钱他只买了几个硬馒头，其余的钱都留了下来。

第二天穷人早早起来开始挖煤。富人却去逛集市，不一会儿带回来两个工人。这两个工人十分健壮，二话没说就开始给富人挖煤。而富人站在一边监督，只一上午的工夫就挖出了几车煤。富人把煤卖掉后又雇了几个帮手。一天下来他除了给工人开工钱，剩下的钱还比穷人赚的多出很多。

一个月很快过去了，穷人只挖了煤山的一角，每天赚来的钱都买了好吃好喝的，基本没有剩余。而富人早就指挥工人挖光了煤山，赚了很多的钱。他把这些钱投资做起了买卖，很快又成了富人。

面对这个结果，穷人再也不抱怨了。

面对同样的条件，同样的困境，解决问题的思维方式不同，得到的结果自然也会不同。成功的人之所以是少数，是因为他们不会拘泥于大多数人固有的思维模式，反而会通过突破性的思考去充分利用身边可以利用的一切来解决问题。

人们常说“天无绝人之路”，但能找到出路不是依靠天，而是依靠人，依靠开阔的思维。

1492年，哥伦布发现了新大陆。从海上回来后，他成了西班牙人民心目中的英雄。国王和王后也把他当作上宾，封他为海军上将。可是有些贵族却很看不起他。他们认为无论谁，只要坐船出海，就都会找到那块陆地。

在一次宴会中，又有人在讥笑哥伦布："上帝创造世界的时候，不是就创造了大海西边的那块陆地了吗？发现它又算得了什么？"

哥伦布听后，沉默了一会儿，然后从盘子里拿起一个鸡蛋，提出一个古怪的问题："女士们，先生们，谁能把这个鸡蛋竖起来？"

随后鸡蛋从这个人手上传到那个人手上。大家都把鸡蛋扶直了，可是一放手，鸡蛋立刻就倒了。

最后，鸡蛋回到哥伦布手上。满屋鸦雀无声，大家都要看他怎样把鸡蛋竖起来。

哥伦布不慌不忙把鸡蛋的一头在桌上轻轻一敲。鸡蛋被敲破了一点壳儿，然后就稳稳地直立在了桌子上。

"这有什么稀罕？"宾客们又开始讥笑哥伦布。

"本来就没有什么可稀罕的。"哥伦布说，"可是你们为什么做不到呢？"

宾客们开始强词夺理："鸡蛋都破了，这算什么呢？"

哥伦布说:“我在刚开始定条件时，曾有说过不允许把鸡蛋敲破吗?”

最后，哥伦布在离席而去时还留下了一句话:“我能想到你们想不到的。这就是我胜过你们的地方。”

我们姑且不去探讨事件带来的后续影响的好坏对错，但发现新大陆的确是人类历史上的一项重大探索。完成这项探索，需要的东西很多，也绝不像那些贵族所说的人人都可以做到。哥伦布通过对这些人的反击，向我们传递了一个他自己总结的关键之处，那就是：想到他人想不到的，才能做到他人做不到的。

我们在学习、工作、生活、创业中，经常会发现面对同样的难题，我们自己深陷其中，百思不解，却有人可以很快地处理好。接下来我们往往会习惯性地模仿他人的解决方法，却很少去思考别人为什么会想到这样的办法。而这才是我们应该真正去学习和模仿的。

有一个木匠，造得一手好门。他耗费多日给自家造了一个门。他想这门用料实在、做工精良，一定会经久耐用。

后来，门上的钉子锈了，掉下一块木板。木匠找出一颗钉子补上，门又完好如初。随后，又掉下一颗钉子，木匠就又换上一颗钉子。接着，又一块木板朽了，木匠就又找出一块板换上。再后来，门栓损了，木匠就又换了一个门栓。最后，门轴坏了，木匠就又换上一个门轴。

如此反反复复。若干年后，这个门虽然无数次破损，但经过木匠的精心修理，仍坚固耐用。木匠对此甚是自豪，庆幸多亏有了这门手艺，不然门坏了还不知如何是好。

可忽然有一天邻居对他说："你是木匠。你看看你们家的门，再看看别人家的门。"

木匠回头仔细一看，才发觉邻居们家的门一个个样式新颖、质地优良，而自己家的门却又老又破，填满了补丁。

木匠很是纳闷，但又禁不住笑了："是自己的这门手艺阻碍了自己家门的更换。"

最后木匠一阵叹息："学一门手艺很重要，但换一种思维更重要。行业上的造诣是一笔财富，但也是一扇门，能关住自己。"

就像这个木匠一样，固步自封、画地为牢的事情，许多人几乎每天都在做。我们自以为是地靠着惯性不断前行，既不自省自查，也不旁观周围。最终的结果，要么陷入死局，要么被抛弃淘汰。

所以，无论做任何事，我们都需要不断地调整自己的战术，丰富自己的知识储备，同时积极地探索和借鉴身边周围的经验及成功办法，切忌自以为是，或者一味地低头前行。这些行为不但不会帮助我们解决问题，走出困境，反而会成为困境的一部分，使我们越陷越深。

打开思路，改变思维，要相信“条条大路通罗马”。

第二节　改变性格

勇敢坚强，胆小怯懦；细致认真，粗旷直爽；善良谦恭，骄傲善妒；平和守礼，暴躁易怒等。这些都是人们对性格的总结。有些带有褒义，有些就带着批判。

但这个世界上没有绝对完美的性格，只有相对优秀的性格。那么这些优秀的性格，就可以让我们更容易走向成功。相反，存在着缺陷的性格，往往就会将我们引入困境。这时，我们就需要去改变自己的性格。而随着性格的改变，很多曾经让我们束手无策的难题便会迎刃而解。

三国时期的周处，年轻时为人蛮横强悍、颐指气使，是当地一大祸害。他的家乡义兴的河中有条蛟龙，山上有只白额虎，同样都祸害百姓。义兴的百姓将周处与蛟龙、猛虎并论，称他们是三大祸害。而在这“三害”当中，尤属周处最为恶劣。

后来有人劝说周处去杀死猛虎和蛟龙，实际上是希望三个祸害相互拼杀。于是周处先去杀死了老虎，然后又下河去斩杀蛟龙。蛟龙在水里有时浮起有时沉下，周处始终同蛟龙搏斗在一起，一人一蛟漂出了几十里远。就这样经过了三天三夜，当地的百姓们都认为周处已经死了，于是纷纷庆贺。

结果周处杀死了蛟龙后从水中归来。当他听说乡里人以为自己已死而对此庆贺的事情，才知道大家实际上也把自己当作了一大祸害。因此，他有了悔改之心。

于是周处便到吴郡去找陆机和陆云两位有修养的名士。当时陆机不在，他只见到了陆云，就把全部情况告诉了陆云，然后说：“我想要改正错误，可是岁月已经荒废了，怕最终也没有什么成就。”

陆云说：“古人珍视道义，认为‘哪怕是早晨明白了道理，晚上就死去也甘心’。况且你的前途还是有希望的。再说人就怕立不下志向，只要能立志，又何必担忧好名声不能传扬呢？”

周处听后就改过自新，发奋学习，最终成为了一名忠臣。

周处凭着蛮横豪勇，逞强去除害，却没想到最大的祸害却是自己。面对乡邻们的不认可与厌恶，他终于幡然醒悟。所谓的“除害”，其实就是周处改变自己性格的历程。

王阳明说：“破山中贼易，破心中贼难。”我们每个人性格的形成是一个漫长且渐进的过程。一旦形成，想要改变就会千难万难。可一旦改变，就会给我们的人生带来完全不同的变化。一个目空一切、自视甚高的人，一定树敌很多，在落难时，也不会有太多人为他提供帮助。但如果这个人学会虚心谦恭，学会尊重和真诚地帮助身边的人，那么他的朋友一定会越来越多。当他再遇到问题，一定会有很多人去帮助他。

战国时期，齐国的大臣邹忌身高八尺有余，容貌英俊光艳。

有一天早晨，他穿戴好衣帽，照着镜子，对他的妻子说：“我与城北的徐公相比，谁更美丽呢？”

他的妻子说：“您俊极了。徐公怎么能比得上您呢？”

而城北的徐公是齐国有名的美男子。邹忌不相信自己会比徐公貌美，于是又问他的小妾：“我和徐公相比，谁更英俊？”

小妾说:“徐公怎么能比得上您呢?”

第二天,有客人从外面来拜访。邹忌问客人道:“我和徐公相比,谁更英俊?”

客人说:“徐公不如您英俊啊。”

又过了一天,徐公前来拜访。邹忌仔细地端详他,觉得自己不如他英俊,再照着镜子看看自己,更觉得远远比不上他。晚上,他躺在床上反复思考这件事,得出了一个结论:我的妻子认为我美,是偏爱我;我的小妾认为我美,是惧怕我;客人认为我美,是有求于我。

于是邹忌上朝拜见齐威王,说:“我确实知道自己不如徐公英俊。可是我的妻子偏爱我,我的小妾惧怕我,我的客人对我有所求,于是他们都说我比徐公英俊。如今的齐国土地方圆千里,有一百二十座城池。宫中的姬妾和身边的近侍,没有不偏爱大王的;朝廷中的大臣,没有不惧怕大王的;国内的百姓,没有不对大王有所求的。由此看来,大王所受的蒙蔽一定很厉害了。”

齐威王听后说:“说得真好。”于是下了一道命令:“所有的大臣、官吏、百姓,能够当面批评我的过错的,可得上等奖赏;能够上书劝谏我的,得中等奖赏;能够在众人集聚的公共场所指责、议论我的过失,并能传到我耳朵里的，得下等奖赏。”

政令刚一下达，所有大臣都来进言规劝，宫门庭院就像集市一样喧闹。几个月以后，偶尔还有人进谏。一年以后，大家即使想进言，也没有什么可说的了。

燕、赵、韩、魏等国听说了这件事，都到齐国来朝见齐威王。这就是世人所说的在“朝廷之上不战自胜”。

《邹忌讽齐王纳谏》的故事，表面看起来是在赞美邹忌有自知之明，而且善于思考总结，并勇于进谏。但这个故事能够流传千百年，真正的核心人物却是齐威王。是他本人具备反思自省的品质，同时敢于直面自己性格和施政上的缺点，才能接纳邹忌的劝言，并且想到了广开言路、批评与自我批评的办法。

那么反观我们自己：我们真的是完美的吗？我们真的没有缺点吗？我们所遇到的困境，真的都是因为运气不好，别人不好，环境不好吗？答案是否定的。

所以，我们应当时时刻刻地审视自己，也应当虚心接受别人善意的批评，并且下决心去改正自己性格上的缺点。当一个人身上的缺点越来越少，那么他就一定不会轻易被困难和挫折所击倒。

曾经，在美国纽约住着一位名叫艾米丽的姑娘。她每天自怨自艾，认定自己的理想永远实现不了。而她的理想也是每一位妙龄姑娘的理想：跟自己的意中人——一位潇洒的白马王子结婚，然后白头偕老。

艾米丽就这样整天梦想着，直到周围的姑娘们都先后成家，自己却成了大龄女孩。她认为自己的梦想永远不可能实现了。

在一个雨天的下午，艾米丽在家人的劝说下去求助一位著名的心理学家。在与这位心理学家握手的时候，她那冰凉的手指让人心颤，还有苍白憔悴的面孔，凄怨的眼神，如同坟墓中飘出的声音，都在向心理学家诉说："我已经无望了。你会有什么办法呢？"

心理学家深思良久，然后说道："艾米丽，我想请你帮我一个忙。我真的很需要你的帮忙，可以吗？"

艾米丽将信将疑地点点头。

"是这样的。我家要在星期二开个晚会。但我妻子一个人忙不过来，你来帮我招呼客人。明天一早，你先去买一套新衣服。不过你不要自己挑。你只问店员，按她的主意买，然后去做个发型，同样，按理发师的意见办。"

接着，心理学家说：“到我家来的客人很多，但互相认识的不多。你要帮我主动去招呼客人，告诉他们你代表我欢迎他们，还要注意帮助他们，特别是那些显得孤单的人。我需要你帮助我认真地照料每一个客人。你明白了吗？”

艾米丽一脸不安。心理学家又鼓励她说：“没关系，其实很简单。比如说看谁没咖啡就端一杯给他。要是太闷热了，就开开窗户什么的。”

艾米丽终于同意一试。

星期二这天，艾米丽来到了晚会现场。她发式得体，衣衫合身，并且按着心理学家的要求，尽职尽力，只想着帮助别人。她眼神活泼，笑容可掬，完全忘掉了自己的心事，成了晚会上最受欢迎的人。晚会结束后，有三位青年都提出要送她回家。

一个星期又一个星期，三位青年热烈地追求着艾米丽，她最终答应了其中一位的求婚。心理学家作为被邀请的贵宾，参加了他们的婚礼。望着幸福的新娘艾米丽，人们都说心理学家创造了一个奇迹。

这位心理学家并不是创造了奇迹，而是运用自己的智慧帮助艾米丽走出了困境。他精准地发现了艾米丽性格上的问题，并且针对这个问题找到了一个精彩的解决办法。艾米丽在改变性格后，她所面临的困境就被迅速解决了。

其实我们和艾米丽一样，在平时也会因为自己性格上的缺陷遇到各种各样大大小小的难题。那么，我们也应该认识到，很多时候解决的方法就是改变自己的性格：以前不敢尝试的，现在可以开始尝试；以前不愿去做的，现在应该开始去做；以前从没想到的，现在既然想到了就应该去实施。改变会给我们带来新的契机，而这些契机，就是我们破局的出口。

明朝时，有一个财主年过半百才喜得贵子，取名为天宝。

天宝长大后仗着家世游手好闲，挥金如土。老财主怕儿子这样下去保不住家业，便请了先生教他明白事理，轻易不让他出门。在先生的管教下，天宝渐渐变得知书识礼。

不久，天宝的父母不幸离世，天宝的学业也从此中断。等天宝的先生一走，天宝小时候认识的那些狐朋狗友又找上门来。天宝故态萌发，整日花天酒地，不到两年，万贯家财被他花个精光，最后落得靠乞讨为生。

直到此时，天宝才后悔自己过去的生活，决定痛改前非。一天晚上，他借书回来，因地冻路滑，加上一天粒米未进，一跤跌倒后，就再也没有力气爬起来。不一会儿，就冻僵在了路旁。

这时，一位姓王的员外正好路过，见天宝拿着一本书，冻僵在路旁，不禁起了怜爱之心，便命家人救醒天宝。天宝被救醒后，王员外问清了他的家世，对他很同情，便把他留在身边，打算让天宝做自己女儿腊梅的先生。

对此天宝求之不得，赶紧拜谢了王员外的救命之恩。从此，天宝就留在王员外家，每天勤勤恳恳地教腊梅读书识字。

腊梅长得如花似玉，而且温柔贤淑。天宝刚开始只管教书，时间一长，就不禁犯了老毛病，对腊梅想入非非，动手动脚。腊梅气得找父亲哭诉一番。王员外听后不动声色，第二天写了一封信，然后把天宝叫来，对他说:“天宝，我有一件急事需要你帮忙。”

天宝说:“员外对我恩重如山，无论什么事，我决不推辞。”

王员外说:“我有一个表兄，住在苏州一孔桥边，烦你到苏州把这封信送给他。你这就起程吧。”说完，又给了天宝二十两银子作为盘缠。天宝虽然不想离开腊梅，但也无可奈何，于是只好上路。

天宝到了苏州，发现到处都是孔桥，找了半个多月也没找到王员外表兄的住处。眼看着盘缠快花完了，他打开信一看，不禁羞愧万分。

信上写着四句话："当年路旁一冻丐，今日竟敢戏腊梅。一孔桥边无表兄，花尽银钱不用回。"

看完信后，天宝想到投河自尽。但他转念又想：王员外不但救了我的命，还保住了我的名声。我为什么不能挣二十两银子还给王员外，再当面向他请罪呢？

于是，天宝振作精神，白天帮人家干活，晚上挑灯夜读。三年下来，他不但积攒了二十两银子，而且变成了一个博学的才子。这时，恰逢开科招考，天宝进京应试，中了举人。于是，他星夜兼程，回去向王员外请罪。

到了王员外家，天宝应声跪倒，手捧一封信和二十两银子，向王员外请罪。王员外一见面前的举人是天宝，赶紧接过书信和银子。他打开书信一看，原来就是自己三年前写的那封信，只不过天宝在那四句话后又添了四句："三年表兄未找成，恩人堂前还白银。浪子回头金不换，衣锦还乡做贤人。"

王员外惊喜交加，连忙扶起天宝，两人重归于好。王员外最后还把女儿腊梅正式许配给了天宝。

《浪子回头金不换》的故事中的天宝因为自己性格上的缺点，不断地陷入困境中，甚至是绝境中。在真正痛改前非之前，因为惯性，他有过很多次反复，直到王员外的那封信才让他幡然醒悟。

天宝的故事之所以有了一个圆满的结局，就是因为他通过改变性格，然后改变行为，所有这些改变，在一点一滴地累积后，最终改变了他的命运，带他彻底走出了困局。

同时，我们要明白：如果我们能够认识到自己性格上的缺陷，那么就不应该等到面对像天宝那样的困境乃至绝境才想到要做出改变，而是应该立刻行动。这样，我们就能将很多未来可能发生的困境消弭于无形。

荀玫是古典名著《儒林外史》中非常耀眼而又快速陨落的一个人物。他在刚刚出场时还只是个七岁的孩童，不到二十岁就考中了秀才，并且是名列第一。第二年录科又考了第一，接着参加乡试也顺利一次性通过，到京城参加会试又考中了进士。可谓少年得志，风光无限。

殿试过后，荀玫位列二甲，年纪轻轻就被授予了工部主事一职，还能得到周进、范进等恩师的照顾。不久后，他就升任为工部员外郎，没过多少年，又升任为御史。等到书中再提及荀玫时，他已升任为两淮盐运司盐运使。此时的荀玫，仕途一帆风顺，算是登上了人生巅峰。

然而等到书中最后提及荀玫时，通过他人的谈论，人们才得知他已因贪赃被抓。

荀玫的一生，少年得志，年纪轻轻就在朝廷担任要职。刚开始时，他为官清廉正直，又有恩师前辈照顾，从而仕途一帆风顺。他人生的转折是从同僚帮他的母亲办了场风风光光的葬礼开始的。那场葬礼同僚花费了上千两银子却连眼睛都不眨一下。荀玫作为一个寒士，在赚足面子的同时，也深切体会到了挥霍金钱的快感。然后荀玫学会了贪污受贿，从此一发不可收拾，在寻求巨额财富的路上越走越远，直到彻底迷失自我，亲手葬送了自己的前程，沦为阶下囚。

坚持一个好品质，坚持一个好性格，有时是很难的。因为我们都会趋利避害，也会面对很多诱惑，从而激发内心的软弱和妥协。这时的我们如果被击倒，就会像书中的荀玫一样，放弃掉自己好的性格品质，慢慢变得腐朽堕落，而一时的快意最终给我们带来的，只会是无尽的苦难深渊。

我们应该清楚地认识到：我们那些在漫长人生中渐渐累积形成的优秀性格，其实是一把把宽大的保护伞。它们为我们遮风挡雨，为我们规避了很多我们不自知、未察觉的风险与困境。如果拥有时不懂得珍惜，一旦舍弃或者破坏，等到风雨到来时，我们想要找回它们就千难万难，甚至有可能永远错过了找回它们的机会。

所以，不要因为一时的困顿，而放弃能够真正长久守护我们的好性格与好品质。好的改变会让人走出困境，相反，坏的改变会让人陷入困境。

第三节　改变习惯

改变性格，需要通过实际的行动来体现。那么行动的改变从何开始呢？从习惯。因为习惯是内因的外化，它是一种看似孱弱，内里却无限磅礴的力量，强大到足以改变我们的命运，主宰我们的人生。

英国教育家洛克说：“习惯一旦养成之后，便用不着借助记忆，很容易很自然的就发生作用了。”所以习惯可以让我们不经大脑思考，而依靠经验、惯性、身体记忆等，直接对问题做出判断和行动，这是一种简洁而锋利的工具，它既有可能帮助我们做出成就，也同样有可能把我们带入困境。

亚历山大帝王图书馆发生火灾之后，馆中大部分所藏图书被焚烧殆尽，但有一本不是很贵重的书得以幸免。有一个识字不多的穷人，花了几个铜板买了这本书。书本身并不是很有意思，但书页里面却藏着一件很有趣的东西：一张薄薄的羊皮纸。纸片上面写着点铁成金石的秘密。

所谓点铁成金石，就是一块小圆石，能把任何普通的金属变成纯金。小纸片上写着：这块奇石可以在黑海边找到。但是奇石的外观跟海边成千上万的石头没什么两样。谜底在于奇石摸起来是温的，而普通的石头摸起来是冰凉的。

这个穷人于是变卖家当，背着简单的行囊，露宿在黑海边，开始寻找点铁成金石。他知道，如果自己把捡起来的冰凉的石头随手扔掉，那么可能会重复捡到已经摸过的石头。为了防止这种情形的发生，每当捡起一块冰凉的石头，他就扔向海里。

一天过去了，他捡的石头中没有一块是书中所说的奇石。一个月，一年，二年，三年的时间过去了，穷人还是没找到那块奇石。但是他没有气馁，仍然继续坚持。

终于，有一天早上他捡起一块石头，一摸是温的，但他仍然立刻把它随手扔进了海里。因为他已经养成了捡起石头就往海里扔去的习惯。这个扔石头的行为已经成了他的条件反射，深深地印刻在他的脑海内。以至于当他梦寐以求、苦苦寻觅的奇石出现时，他仍然习惯性地扔到了海里。多年的点铁成金梦，终究也像肥皂泡一样破灭了。

故事中的穷人，在日积月累的重复动作下，养成了一种习惯：捡起石头扔向大海。这个动作的目的是为了帮助他找到奇石，但养成习惯后，使得他在处理捡起石头后该怎么办这个问题时的方式变得单一而直接——扔向大海。

这就是习惯的力量。面对这种力量，我们必须重视。因为在我们的人生中，有很多难题、困境，都是因为我们自身的习惯所造成的。晚睡晚起、做事拖沓、抽烟上瘾、懒惰成性等。这些习惯有的会让我们被人厌恶排挤，有的会让我们身体变差，还有的会彻底毁掉我们的人生。很多时候，改掉这些习惯，我们的困境就会不攻自破；反之，我们就会越陷越深，直到无可挽回。

有一家企业招工，对学历、外语、身高、相貌的要求都很高，但薪酬也很高，所以有很多人才都来应聘。

其中一部分年轻人过关斩将，终于迎来了最后一关：总经理面试。这些年轻人认为大局已定，这个环节只不过是走走过场，却没想到就是在这个环节出了问题。

求职者们一到最终的面试地点——总经理办公室，总经理就说："很抱歉，诸位，我有点急事，要出去10分钟，你们能不能等我一下？"

大家纷纷回答："没问题，您去吧。我们等您。"

总经理一走，这些年轻人一下子轻松起来，就围着总经理的大写字台看。上面摆放着一摞一摞的文件资料，这些年轻人你看这一摞，我看那一摞，看完了还互相交换评论。

10分钟后，总经理回来了，告诉众人："面试已经结束。"

"不会吧？我们还在等您啊。"大家有些莫名其妙。

总经理说："我不在的这一段时间里，你们的表现就是面试内容。很遗憾，你们没有一个人被录取。因为我们从来不录取那些未经同意就乱翻他人东西的人。这是很没有教养的行为，也不符合我们的企业文化。"

乱翻别人东西，这是十恶不赦的坏习惯吗？绝对不是。但就是这么一个小细节，却足以体现出我们的素质教养，更有可能毁掉我们人生中一次重要的入职升职机会。

一个乱翻别人东西的人，是一个不尊重他人的人，也就不会在工作中尊重自己的同事、客户和领导。而这样的人，是不会在工作中有所作为的。所以，这些年轻人未被录取并不冤枉。我们应该从思想上重视，从细节处入手，培养自己良好的习惯。因为一个好的习惯，代表着一种好的思维方式，也代表了一种好的性格。它能够帮助我们解决很多问题，给我们创造很多机会。相反，一个坏的习惯，代表着一种不好的思维方式，也能体现出一个人性格中的缺陷。它不但会使我们陷入困境，同时还会让我们丧失很多良好的机会。

法国人布封年轻的时候，生性懒惰，每天只知道吃喝玩乐。人们认为这个人因为生活在富裕之家，所以养成了浪荡公子的习性，一辈子只能碌碌无为了。

面对人们的指责，布封决心痛改前非，立志在科学研究领域做出一番事业。而人们对他的志向只是一笑了之。

为了实现自己的人生目标，布封决心首先改掉爱睡懒觉的毛病。为了使自己早起，他要求佣人在每天早上6点以前叫醒他，并必须保证让他真正起床。而只要任务完成得好，佣人就可以额外获得一笔小费。

但是，当佣人最开始叫他起床的时候，他却装病不起，还生气地骂佣人打扰了他的睡眠。可当他起床后发现已经11点了，又大发雷霆，训斥佣人没有及时把他叫醒。

这样几次后，佣人决意拉下脸，强迫他起床。

一天早晨，布封又赖在床上，无论如何也不肯起来。这次佣人立刻端来一盆早已准备好的凉水泼进了他的被窝里。这个办法立刻见效，并且屡试不爽。

就这样，在佣人的督促下，布封终于养成了早起的习惯。从此，他每天从早上9点开始工作，直到午后2点，然后又从下午5点工作到晚上9点。如此日复一日，年复一年，40年从未间断过。

后来，布封终于完成了科学巨著《自然史》，成为了一名享誉世界的作家、博物学家。

改变习惯是痛苦的。因为我们的习惯是长期养成，不是朝夕而就的。人们从一个长期熟悉的状态进入一个完全不熟悉的状态，而且这个状态很有可能会带给人们一定的不适，那么我们本身在最开始的时候一定是排斥的。这种排斥会让我们想要逃避，想要放弃。软弱的人，很快就会回到原来的状态，而意志坚强的人，则会坚持下去，直到让新的好习惯代替旧的恶习。

一旦养成好的习惯，就有可能像布封一样走出困境，改变人生。事实就是这么简单。因为一个好习惯的养成，并非简单地代表我们在生活中学习上有了一点突破，它背后所代表的是一种磨砺后的意志，一种不屈不挠的精神。这才是破局而出的关键。

三国时期，吴国君主孙权手下的名将吕蒙，因为小时候家里贫穷，没有机会上学，读书很少，所以学识浅薄，见识也不广。

有一次，孙权对吕蒙和另一位将领蒋钦说："你们如今担任的官职很重要，应该多读点书，增长自己的见识，这样才能把自己的事情做好。"

吕蒙听了很为难地说道："可是我平日公务很忙，恐怕没有时间去读书了。"

孙权听了，开导他说："当年，汉朝的汉光武帝刘秀不管公务有多么忙，每天都一定会挤出一些时间来读书。我的公务也很忙，但我平日只要有时间，就会读一些史书和兵书，对我很有帮助。希望你们不要因为公务繁忙就不去读书。读书应该是一辈子的事情。"

吕蒙从孙权的话中受到了启发。从此他开始抓紧一切时间学习。每天不管工作有多忙，他都坚持读书，日积月累，逐渐成为了一个有才学的人。

有一次，都督鲁肃领兵经过吕蒙驻地，他认为吕蒙是个大老粗，不屑去看他。有个部下建议说：“吕将军进步很快，不能用过去的眼光看他，还是应该去一趟。”鲁肃一听，也想看看吕蒙究竟有什么变化，就前去看望。

吕蒙设宴招待鲁肃。席上，吕蒙问：“都督这次接受重任，和蜀国大将关羽为邻，不知有何打算？”

鲁肃答道：“兵来将挡，水来土淹，到时再说吧。”

吕蒙听了，婉言批评说：“吴蜀虽然结盟联好，但关羽性同猛虎，怀有野心。我们应该早定战略，绝不能仓促从事。”说着就为鲁肃筹划了五项策略。鲁肃听了，非常佩服吕蒙的学识。谈话结束的时候，鲁肃轻轻地拍了拍吕蒙的背，赞赏地说：“以前我以为你只不过有些军事方面的知识。如今跟你谈话后才知道原来你的学识这么渊博，在各个方面都很有见解。你再也不是以前吴下的那个阿蒙了啊。”

吕蒙笑笑，说道：“您过奖了。这段时间，我只不过是读了一些书，增长了一点见识，但不足的地方还有很多，还要请您以后多多指教。”

以后，鲁肃便常常和吕蒙一起商讨国家大事。他也非常重视吕蒙给他提的一些建议，对吕蒙的学识和才能也非常认同。

后来，孙权赞扬吕蒙："天下有几个人到了老年还能像吕蒙那样坚持读书学习、自强不息呢？一个人有了富贵荣华之后，更要看重节义，更要认真学习，不断加强自身的修养，而不能沉溺于财富之中，这样就不容易堕落。吕蒙是我们的榜样。"

从"吴下阿蒙"，到"士别三日，刮目相看"，吕蒙做了什么？很简单，听从孙权的话，改掉不爱读书的坏习惯，养成肯读书、爱读书的好习惯。抓紧一切时间去读书学习，拓宽视野，增长见闻，积累知识储备。可以说，如果吕蒙没有改掉不读书的习惯，那么就不会有日后的彪炳战绩，更不可能成为三国时期吴国的股肱之臣。

一个人的成就辉煌，很可能就是从一个小习惯的改变开始的。无论一个人的现状有多么凄惨不堪，但只要愿意改掉自己的恶习，就很有可能从此走出困境，迈向成功。

海明威是美国的著名作家，他在写作方面有着独特的习惯。他把每天早上写作当成铁的纪律，不管前一天晚上睡得多晚，第二天一大早他就会强迫自己醒来，走到写字台前，先重读一遍已写好的部分，让自己沉浸到情节中去。然后，他就用一只脚站着开始写作。

就这样，海明威成功地创作出了长篇小说《永别了，武器》《丧钟为谁而鸣》和中篇小说《老人与海》等优秀作品，并在1954年获得了诺贝尔文学奖。

当有记者问他为什么要单脚站着写作时，海明威笑着答道：“这种姿势使我处于一种紧张状态，促使我尽可能简短地表达自己的思想。”

海明威的文字简洁有力、直击灵魂，这一方面得益于他本身的文字天赋和思想深度；另一方面则是因为他通过养成单脚写作的习惯，迫使自己在创作中做到了真正的删繁就简、返璞归真。

类似的例子，还有东汉孙敬头悬梁的典故，以及前文提到的战国时苏秦锥刺股的故事。所有这些名人的成功，都是内在驱动力外放后，自然而然地形成了一种习惯，而在这种习惯的作用下，逐渐脱困而出，走向成功。

想要与众不同，想要出类拔萃，就需要有与众不同的决心，并长期用自己的行动来贯彻这份决心，即养成一个良好的习惯。

德摩斯梯尼是古雅典著名的雄辩家和民主派政治家，他的人生经历充满了传奇。

在雄辩术高度发达的雅典，无论是法庭里、广场中，还是公民大会上，经常会遇到经验丰富的演说家们的论辩。听众们的要求也很高，演说者的每一个不恰当的用词，每一个难看的手势和动作，都会引来听众的讥讽和嘲笑。

德摩斯梯尼天生口吃，嗓音微弱，还有耸肩的坏习惯。在常人看来，他似乎没有一点当演说家的天赋。事实也是如此，他最初的政治演说由于发音不清、论证无力，多次被听众们轰下讲坛。而在当时的雅典，一名出色的演说家必须声音洪亮、发音清晰、姿势优美、富有辩才。

为了成为卓越的政治演说家，德摩斯梯尼做了超出常人数倍的努力，进行了异常刻苦的学习和训练。据说，他抄写了《伯罗奔尼撒战争史》8遍；他向著名的演员请教发音的方法；为了改进发音，他把小石子含在嘴里朗读，迎着大风和波涛讲话；为了去掉气短的毛病，他一边在陡峭的山路上攀登，一边不停地吟诗；他在家里装了一面大镜子，每天起早贪黑地对着镜子练习演说；为了改掉说话耸肩的坏习惯，他在左右肩上各悬挂一柄剑；他还把自己剃成阴阳头，以便能专心躲起来练习演说。

就这样，德摩斯梯尼以口含小石子等方法一直练习演说近10年，最终成为了雅典最具雄辩能力的演说家。

从一个天生口吃、嗓音微弱的人变成一个雄辩之士，将自己最大的弱点变成最强的长处，德摩斯梯尼的解决办法就是通过养成好的习惯来磨练自己。

只有刻薄自己，才能成就自己。与德摩斯梯尼相比，很多人在生活、学习、工作中充满了散漫、懒惰、放纵自我。而这些特性就是从一个个行为习惯上体现的。想要获得成功，改变自己，就应该立刻从改变这些行为习惯上做起。

一个企业同样是这样。对一个企业而言，弥漫在整个企业当中的企业制度、企业文化，就是一个企业习惯好坏的判断标准。而对此执行的方式和程度，就是习惯养成与否的评价方法。再具体些，这些规章制度，负责人是否做到了？负责人做到了，管理层是否做到了？管理层做到了，中层是否做到了？中层做到了，基层是否做到了？上行下效，一以贯之，就是这个道理。

美国的缔造者之一本杰明·富兰克林曾经有一个习惯：每天晚上都把当天经历的事情重新回想一遍。

经过不断地总结，他发现自己有13个很严重的问题，比如浪费时间、为小事烦恼、总和别人争论冲突等。

接着，富兰克林意识到，除非他能够减少这些问题的发生，否则不可能有什么成就。富兰克林决心每周克服一个坏习惯。于是他一周选出一项缺点来与其战斗，并把每一天的输赢进行记录。然后在下周，他会另外挑出一个坏习惯，做好准备，再展开另一场战斗。

就这样，富兰克林每周改掉一个坏习惯的战斗持续了两年多，而他身上的坏习惯也越来越少。最终，他成为美国历史上最受人敬爱也最具影响力的人物之一。

富兰克林真正做到了知行合一。他通过自省认识到自己的不足，并通过正确的方法和合理的计划有效地克服了这些不足，收到了明显成效。他的做法简单实用，值得我们每个人思考、借鉴。

美国注册公共会计师托马斯·科里为了探究富人为什么富，穷人为什么穷，专门做了一项研究。他花了整整5年的时间，采访了233名白手起家的富翁和128位穷人。通过对比他们的生活，他发现富人之所以富有，是因为他们有很多好习惯，而这些习惯穷人并不具备。

科里发现，一天24小时，共计1440分钟，大部分人会在工作、睡觉、饮食、移动等事情上花费1200分钟。也就是说富人和穷人之间区别的奥秘，就存在于这短短的240分钟。而这240分钟内所包含的习惯，让这两类人走向了不同的命运。

他发现，在这240分钟的时间里，88%的富人每天至少会阅读30分钟，而穷人则大部分用来娱乐。正是这每天小小的习惯，逐渐拉开了人与人之间的差距。

所以，很多时候，人不是因为优秀了才想要培养好习惯，而是因为有了好习惯人才会变得越来越优秀。同样，大部分情况下，人不是因为恶劣才养成了坏习惯，而是因为有了坏习惯才逐渐变得恶劣，从而陷入困境。

因此，想要走出困境，就去努力改掉自己身上的坏习惯吧！

英国前首相撒切尔有一句名言:“注意你的思想，因为它将变成言辞；注意你的言辞，因为它将变成行动；注意你的行动，因为它将变成习惯；注意你的习惯，因为它将变成性格；注意你的性格，因为它将决定你的命运。”

第四节　改变环境

到底是环境造就了我们，还是我们影响了环境？这是一个没有标准答案的问题。应该说，两者互为因果，相互作用。但有一点是可以明确的，如果我们在能力所及的范围内，积极地改变周围环境，那就很有可能促成破局。

孟子的母亲，世人称为孟母。孟子小时候，居住的地方离墓地很近。于是孟子就学到了一些关于祭祀之类的知识，还经常和伙伴们玩祭拜治丧的游戏。孟母看到后叹息：“这个地方不适合孩子居住。”

然后孟母将家搬到集市旁。于是孟子就学到了一些关于买卖和屠宰的知识。孟母又想：“这个地方还是不适合孩子居住。”

最后孟母又将家搬到了学宫旁边。于是孟子学到了守秩序，懂礼节。孟母感叹：“这才是孩子应该居住的地方。”

于是就在这里定居下来。

孟子长大成人后，终于学成六艺，获得大儒的名望。

孟母三迁，迁的虽然是家，但目的却是选择一个适合自己孩子成长的环境。面对教育孩子成才这个难题，孟母选择竭尽所能地去改变环境。而这些环境一次次地影响着孟子，直到最终一个合适的环境给孟子指明了一条正确的道路。

人们常说“树挪死，人挪活”，意思就是人是一种受环境影响、适应力极强的生物体。有时面对挫折和困境，一味地固守并不能让情况有所好转。这时候我们就需要考虑转换环境。

北宋著名政治家、文学家王安石有一篇散文叫作《伤仲永》。这篇传颂千古的文章讲述了一个耐人寻味的故事。

金溪有个叫方仲永的孩子，家中世代以耕田为业。方仲永长到五岁时，不曾认识书写工具。忽然有一天，方仲永却哭着索要这些东西。他的父亲对此十分诧异，但还是从邻居那里把这些东西借来给他。方仲永立刻写下了四句诗，并题上自己的名字。这首诗以赡养父母和团结同宗族的人为主旨，在传给全乡的秀才阅览后，被认为是不错的作品。

从此以后，别人指定事物让方仲永作诗，他立刻就能完成，诗的文采和道理都有值得欣赏的地方。同县的人们对此都感到非常惊奇，渐渐地都以宾客之礼对待他和他的父亲。有的人甚至花钱求取方仲永的诗。渐渐地，方仲永的父亲认为这样有利可图，就每天带领着他四处拜访同县的人，却不让他学习。

王安石听说这件事已经很久。北宋明道年间，他跟随家父回到家乡，在舅舅家中见到方仲永。那时他已经十二三岁了。王安石叫他作诗。可他写出来的诗已经不能与从前的名声相匹配。又过了七年，王安石从扬州回来，再次到舅舅家去，问起方仲永的情况。舅舅回答说："他的才能消失了，已经和普通人没有什么区别了。"

于是王安石感叹：方仲永的通达聪慧，是先天得到的。他的天赋，比一般有才能的人要优秀得多，但最终却成为了一个平凡的人。这是因为他后天所受的教育不够。他的天资那么好，但因为没有受到正常的后天教育，尚且会成为平凡的人。那么，现在那些本来就不聪明的人，又没有接受后天的教育，恐怕想成为平凡的人都很难啊。

方仲永从天赋异禀到泯然众人的原因，其中之一就是环境的影响。他之所以与孟子的命运不同，是因为他的父亲忽视了环境对人的影响，没有像孟母一样想尽一切办法去改善自己孩子所处的环境。相反，方仲永的父亲选择去消耗自己孩子的天赋，最终葬送了一个天才。

人们总是在不自觉中会被客观环境所影响，而这个环境可能好，也可能坏。如果一个人生活的空间是脏乱不堪的，那么他很可能不是一个做事有条理的人；如果一个人从小就被书籍环绕，那么他长大也不太可能成为一个目不识丁的人。所以，改变环境，就很有可能改变自己。

秦朝丞相李斯，辅佐秦始皇统一六国并建立了秦朝。然而李斯在年轻时却只是一名小吏。他的转变，是因一次如厕的经历。

那时李斯二十六岁，是楚国上蔡郡府里一个看守粮仓的小文书。他的工作是负责仓内存粮进出的登记，将一笔笔粮食进出情况记录清楚。

日子就这么一天天过去，虽然不能说浑浑噩噩，但李斯也没觉得这有什么不对。直到有一天，李斯到粮仓外的一个厕所如厕。他进去后，尚未如厕，却惊动了厕所内的一群老鼠。他看到这群在厕所内安身的老鼠，个个瘦小干枯、毛色灰暗，又脏又臭，令人作呕。

李斯望着这些老鼠，忽然想起了自己管理的粮仓中的老鼠。那些老鼠一个个吃得脑满肠肥、皮毛油亮，整日在粮仓中逍遥自在。与眼前厕所中的这些老鼠相比，它们不知道幸福到哪里去了。

李斯心想：人生如鼠，不在仓就在厕。位置不同，命运也就不同。自己在这个小小的上蔡城里的仓库中做了八年的文书，从未出去看过外面的世界，不就如同这些厕所中的小老鼠一样，整日在肮脏的粪便中苦苦挣扎，却全然不知有粮仓这样的天堂。

于是李斯决定换一种活法。第二天他就离开了上蔡，去投奔一代儒学大师荀况，开始了寻找“粮仓”之路。

二十多年后，李斯最终把家安在了秦都咸阳城的丞相府中。

李斯的“换一种活法”，其实就是换一个环境。“人往高处走，水往低处流。”很多时候，我们因为长期身处一个环境而养成了惯性与麻木，反而对自己的现状没有一个清晰正确的认知。

这时候，认清环境就成为改变环境的先决条件。这就需要我们去积极地探索和发现，去努力获取更多的信息情报，通过横向和纵向比较，对自己的现状有一个清醒的认识。然后我们才能明白，我们身处何地，我们应该去追求什么样的未来。

唐朝时期有一位和尚，从小在一座寺院中出家。每天清晨，他都要去担水劈柴，打扫寺内卫生。做完早课，还要去寺后的市镇购买寺中所需。他每日勤勤恳恳，刻苦用功，不曾倦怠。就这样，在晨钟暮鼓中，一晃十年过去了。

有一天，小和尚有了一点闲暇时间，便和其他小和尚一起聊天。他发现别人过得都很清闲，只有他一人整天忙忙碌碌。虽然别的小和尚偶尔也会被分派下山购物，但他们去的是山前的市镇，路途平坦，距离也近，买的也大多数是些比较轻便的东西。而十年来方丈一直让他去寺后的市镇，这要翻越两座山，道路崎岖难行，回来时肩上还得背回很重的物品。

于是，小和尚带着诸多不解去找方丈，问道："为什么别人都比我自在？没有人去强迫他们干活读经，而我却要干个不停呢？”

方丈只是低吟了一声佛号，便默默不语。

第二天中午，当小和尚扛着一袋大米从后山走来时，发现方丈正站在寺院的后门旁等着他。方丈把他带到寺院的前门，坐在那里闭目不语。小和尚不明所以，便侍立在一旁。日已偏西，前面山路上出现了几个小和尚的身影，当他们看到方丈时，一下都愣住了。

方丈睁开眼睛，问那几个小和尚：“我一大早让你们去买盐，路这么近又这么平坦，怎么回来得这么晚呢？”

几个小和尚面面相觑，说：“师父，我们说说笑笑，看看风景，就到这个时候了。十年了，每天都是这样的啊。”

方丈又问身旁侍立的小和尚：“寺后的市镇那么远，山路崎岖，你又扛了那么重的东西，为什么回来得早一些呢？”

小和尚说：“我每天在路上都想着早去早回，又因为肩上的东西重，我才更小心去走，所以反而走得快些。十年了，我已养成了习惯，心里只有目标，没有道路了。”

方丈闻言大笑，说：“道路平坦了，心反而不在目标上了。只有在坎坷的路上行走，才能磨炼一个人的心志。”

几个月后，寺里考核众僧，从体力到毅力，从知识到悟性，面面俱到。小和尚由于十年的磨炼，所以在众僧中脱颖而出，被选拔出来去完成一项特殊的使命。

这个当年的小和尚，就是后来著名的玄奘法师。在西去的途中，虽水阻山隔、艰险重重，他却能够克服困难，最终取经归来。

同样的寺庙，同样的师父，只因为寺内的方丈在有意无意间为童年的玄奘法师选择了一条与众不同的修炼之路，也就是不一样的修行环境，最终却造就了玄奘不一样的人生。而且这个修行环境是坎坷不平的，磨人身心的。

孟子说：“生于忧患，死于安乐。”很多时候，我们的困境就源自我们身处一个舒适的环境，它让我们安于现状，从而忘记了初心，忘记了努力，忘记了忧患。这种忘记，又让我们慢慢地变得懒惰、娇弱、迟钝。于是当舒适的环境因为各种原因消失后，我们就陷入了巨大的危机中。

所以，与前面李斯的故事不同，改变环境有时候并不是要一味地把自己推向更好更舒适的地方。有时候，改变环境意味着我们要先把自己放到痛苦难熬的境地中，不断地去磨炼身心，这样我们才能具备在更大的困难到来时可以坦然面对，并拥有解决难题的能力。

位于河南省林州市的红旗渠，是一条人工修建的灌渠。林州位处河南、山西两省交界，历史上严重干旱缺水。据史料记载，从明朝正统元年（1436年）到新中国成立的1949年，共514年间，林州发生自然灾害100多次，大旱绝收30多次。有时大旱连年，河干井涸，庄稼颗粒无收。史料记载和民间传说中提到的干旱严重到“人相食”的年景竟有5次之多。

为此，元代山西潞安知府李汉卿筹划修建了天平渠；明代林州知县谢思聪组织修建了谢公渠。但是这些工程也只解决了部分村庄的用水问题，不能从根本上改变林州缺水的状况。当时，林州全境的耕地面积共有98.5万亩，但水浇地只有1.24万亩，粮食产量很低，百姓生活十分艰苦。

1949年林州全境解放，随后县政府组织修建了许多水利工程，在一定程度上缓解了用水困难的问题。1957年起，林州先后建成英雄渠、淇河渠和南谷洞水库等水利工程。但由于水源有限，仍不能解决大面积农田灌溉问题。1959年，林州又遇到了前所未有的干旱，境内的4条河流全都断流干涸，已经建成的水渠无水可引，水库无水可蓄。山村群众又得远道取水。

经过多次研究论证，要解决水的问题，必须寻找新的可靠水源，修渠引水入林州。但是在林州境内没有这样的水源。于是林州县委把寻水的目光移向了林州境外，想到了水源丰富的浊漳河。1959 年 10 月 10 日，林州县委召开会议决定把浊漳河的水引到林州来。时任中共林州县委书记的杨贵发出了“重新安排林州河山”的号召，专门研究引漳入林工程。后经过豫晋两省协商同意，后经国家计委委托水利电力部批准，工程定于 1960 年 2 月开工。当时正逢三年自然灾害时期，全县只有 150 亩耕地、300 万元储备金，以及 28 名水利技术人员。

1960 年 2 月，林州人民开始修建引漳入林工程。1960 年 3 月 6 日到 7 日，林州引漳入林委员会在盘阳村召开全体会议，把引漳入林工程正式命名为“红旗渠”。

经过 10 年奋战，红旗渠工程于 1965 年 4 月 5 日完成总干渠通水；1966 年 4 月，3 条干渠同时竣工；1969 年完成干、支、斗渠配套建设。至此，以红旗渠为主体的灌溉体系基本形成。灌区有效灌溉面积达到 54 万亩。1969 年 7 月，整个工程全面竣工。

在这 10 年时间里，林州人民仅凭简单原始的工具，在太行山的悬崖峭壁间削平了 1250 个山头、打通了 211 个隧道，从山西省平顺县石城镇起步，蜿蜒 1500 公里，把浊漳河水从山西引入了林州大地。

如果愚公移山是传说，人们尚可存疑，那么林州人民修建红旗渠的事迹就是现实版的“愚公移山”。

1974 年 4 月 6 日，中国代表团出席联合国大会特别会议。在这次联合国大会上，中国代表团专门携带了十部关于新中国社会主义建设取得巨大成就的纪录片。当时播放的第一部纪录片就是《红旗渠》。而参会的各国代表们看完此片无不震惊和感动。一些外国政要和水利专家还特意找到中国代表团询问修建的细节和相关技术难题。

因为对于红旗渠这样的工程来说，在当时的条件下，即使是先进的西方发达国家也几乎是难以完成的。世人无不感叹，中国到底用了什么“魔法”，能够在悬崖峭壁上修建出一道“天渠”。

而美联社则更为直接地评论：“红旗渠的人工修建，看后令世界震惊。”的确，红旗渠的修建本身就是一个奇迹。它被称为“人工天河”，更被誉为“世界第八大奇迹”。

面对恶劣的环境，难道我们只能束手无策，甚至坐以待毙吗？林州人民给了我们答案。他们所面临的已经不能称为困境，而应当是绝境。但他们通过集体的力量，通过不懈的努力，最终改变了环境，从而真正走出了绝境。

一个人，一个家庭，一个企业，都会在成长和发展的过程中遭遇相对恶劣的客观环境。如果因此而放弃尝试，放弃努力，那么结局就是走向衰落。如果积极地去尝试改变环境，那么就很有可能涅槃重生。

我们人类之所以能够走到今天，除了因为我们懂得适应环境和利用环境，更因为我们还可以改变环境。这是我们的能力，充分地使用它，它便会帮助我们走出困境。

第五节　由量变到质变

“冰冻三尺，非一日之寒。”“水滴石穿，非一日之功。”一滴水的力量微不足道，但加上夜以继日，就可以击穿坚硬的石头。

水化成汽，需要加热。持续将水加热到 100 摄氏度的过程，就是一个量变的过程。而温度达到 100 摄氏度时，水终于变成水汽，这就是质变。

绝大多数时候的破局而出，依靠的就是改变和时间相叠加。哪怕这个改变看起来微不可查，但加上时间，就会变得不凡，二者缺一不可。

下定决心做出改变，就应该相信改变的力量，而不能急于求成，更不能因为暂时没有看到变化就放弃改变。“不积硅步，无以至千里；不积小流，无以成江海。”任何一次成功、一次突破，看起来是忽然而至，其背后都凝结了无数个日夜的拼搏和尝试。

晋代书法家王献之小时候请父亲传授书法的秘诀，其父王羲之没有正面回答，而是指着院里的十八口水缸说:“秘诀就在这些水缸中。你把这些水缸中的水写完就知道了。”

王献之心中不服，认为自己年纪虽小，字却已经写得很不错了。他下决心再练基本功，好在父亲面前显示一下。

于是王献之天天模仿父亲的字体，练习横、竖、点、撇、捺，就这样足足练习了两年，才把自己写的字给父亲看。父亲笑而不语。母亲在一旁说:“有点像铁划了。”

王献之又练了两年各种各样的钩，然后给父亲看。父亲还是不言不语。母亲说:“有点像银钩了。”

王献之这才开始练完整的字，足足又练了四年，才把写的字捧给父亲看。王羲之看后，在儿子写的“大”字下面加了一点，成了“太”字。因为他嫌王献之写的“大”字架势上紧下松。母亲看了王献之写的字，叹了口气说:“我儿练字三千日，只有这一点像你父亲写的。”王献之听了，这才彻底折服。从此，他更加下工夫练习写字。

王羲之看到儿子用功练字，心里非常高兴。一天，他悄悄地走到儿子的背后，猛地拔他执握在手中的笔，却没有拔动。于是他赞扬了儿子说:“此儿后当复有大名。”知道儿子写字时有了手劲，王羲之便开始悉心培养他。

后来，王献之真的写完了十八口缸中的水，与他的父亲一样，成了著名的书法家。

这个世界上不存在没有积累的质变，就像没有空中楼阁一样。量变是质变的基础和前提，一切知识、技巧也都是从低级向高级慢慢发展的。一个没有学过基础数学的人，是不可能去研究高等数学的。而当他面对高等数学的难题时，最好的也是最扎实的方法，就是从最基础的知识开始学起。所以，当我们面对困境束手无策时，有可能是因为它的难度超出了我们目前的能力范围。那么我们所要做的，就是耐心地从最基本的开始，一点点地积累，直到自己具备解决复杂问题的能力。

1867 年的巴黎世博会，是标志着电报走向全世界的里程碑。

而在这之前的 1866 年 7 月，跨越大西洋的海底电缆铺设成功，从此实现了欧美大陆“一线牵”。在这届巴黎世博会上展出了大西洋海底电缆的标本、设施、制造工艺和铺设过程。最终，评委会把金奖授予了“大西洋电缆之父”菲尔德。而他在 13 年里“屡败屡战”的故事也被广为传颂。

菲尔德原本是美国的造纸业批发商，但却能预见到电报的价值和意义。一次，加拿大铺设从纽芬兰到新思科舍海底电缆的新闻，唤起了菲尔德铺设大西洋电缆的雄心。

从世界地图上看，英国的爱尔兰和加拿大的纽芬兰是欧美大陆距离最近的地方，相隔约 3200 千米。1853 年美国军舰“道芬”号勘测出这片水域之下是一片高原，最深处不到 3.2 千米，海床舒缓平坦。菲尔德认为在大西洋中再难找到这样天造地设的海底电缆通道。而此时，马来西亚古塔橡胶的问世则为铺设水下电缆提供了最佳的绝缘材料。

1857 年，菲尔德定制了 2500 海里的电缆。这些电缆由 7 根铜线制成的内芯来负责传递信号，中间有 3 层古塔橡胶包裹绝缘，外层是 18 根钢缆扭结成的“盔甲”，总重量超过 4000 余吨。

当时世界上没有任何船只能承载得了这根“万里长缨”。于是美国政府和英国政府分别派出各自最大的 5200 吨“尼亚加拉”号军舰和 3100 吨“阿伽门农”号军舰来各自承载一半的电缆。1857 年 8 月 5 日，两舰在盛大欢送仪式中驶出爱尔兰的瓦蓝提亚湾，向纽芬兰进发，但仅铺设了 410 千米电缆便突然断裂。首次出师无功而返。

1858 年 6 月，菲尔德重整旗鼓并且改变方案，让两舰先在北纬 52° 、西经 33.8° 的大洋中点会合，并接好电缆，再背道而驰同时铺设，直至返回各自港湾。不料期间却遇到特大风暴，“阿伽门农”号舰几乎沉没。两舰从会合点分手仅两天后电缆便又一次断裂丢失。

菲尔德不屈不挠，一个月后又组织了第三次出征。1858 年 8 月 4 日终于传来大功告成的消息。8 月 16 日，英国女王维多利亚通过海底电缆向美国总统布坎南发去贺电。纽约鸣炮 100 响，全城张灯结彩、焰火齐放。“尼亚加拉”号舰上剩余的电缆被裁成一个个小段销售一空。

然而好景不长，几个星期后大西洋电缆信号便日渐微弱以致完全中断。顿时舆论大哗，菲尔德一夜之间从英雄变成了“骗子”。而他只能无力地辩解:“我的电缆没有死。她只是睡着了。”

英国为此成立了由 7 名科学家组成的调查委员会。经过两年极其严谨求实地分析，委员会写出了一份报告。报告除了指出菲尔德急于求成、试验不够外，主要责任还是在于首席电子专家惠斯通的设计错误。3200 千米海缆在莫尔斯电码发送中的巨大阻抗使信号严重衰减和延迟。英国女王致美国总统的贺电共计99个字，却一共发了16个小时。而惠斯通的解决方案是拼命提高电压，直到2000伏以上，结果击穿了电缆绝缘层。

当所有人都以为菲尔德会放弃海底电缆时，他却开始了新的尝试。期间，他遭遇了美国内战爆发、世界经济萧条、自己的公司濒临倒闭。最困难的时候，他将自己在教堂的席位都做了抵押，但他一天也没停止过为大西洋电缆奔忙。

当排水量超过“尼亚加拉”号4倍的“大东方”号开始建造时，菲尔德曾到船坞参观。设计师布鲁奈尔戏言道：“将来为你铺设电缆的莫非就是这艘船？”不想日后果然应验。同时，科学家汤姆逊发明的镜式检流计能通过导线上小镜片细微转动的光学放大功能，读出衰减1000倍的信号。这又为海底电缆的信号传递提供了保障。

1865年7月30日，此时已经建成的“大东方”号独自装载着4400千米的电缆从爱尔兰拔锚起航，开始了又一次尝试。然而在距离终点纽芬兰只有965千米的地方电缆因质量问题再次断裂。两个星期的努力最终一无所获，使这次出征功败垂成。

1866年7月13日，“大东方”号装载着经过改良的电缆再次发起冲击，这次终于一举架设成功。7 月 27 日电缆开通，随后一年前丢失的电缆被捞起，使大西洋电缆成为双线，传输速度比 1858 年快了 50 倍。

最后成功的时刻，菲尔德钻进自己的船舱里号啕大哭。有媒体将菲尔德称为“当代哥伦布”。为了完成大西洋电缆，他曾经 4 年未回家，先后跨越大西洋 30 多次。英国著名科幻作家克拉克称，大西洋海底电缆的铺设成功不亚于将人类送上月球。

将近 13 年的努力尝试，一次又一次的失败，菲尔德原本可以在任何一次尝试失败后选择放弃。但他没有，而是不断地修正错误，不断地转换方法，不断地寻找出路。他的成功不是偶然，而是他不断尝试和努力后的必然。

我们只要坚定地做出改变，不轻言放弃，加上时间的力量，那么就能够像菲尔德一样做出在常人看来几乎不可能完成的事情。

每天背 5 个单词，一年下来就是近 2000 个单词，三年后就是近 6000 个单词，这个词汇量足以正常地用英文看书读报；每天少抽一根烟，一年就少抽了 365 根烟，不但节约了金钱，还会减少对身体的损害；每天节省半小时用来钻研自己的兴趣爱好，那么一年下来就有将近200个小时在专注一件事情，这足以让一个门外汉在某一个全新的领域登堂入室。所以，不要去小看一点点改变，在坚持之后，它的力量会远远超出我们的想象。

在印度有一个古老的传说。

古印度的舍罕王打算重赏国际象棋的发明者宰相达伊尔。达伊尔跪在国王面前，提出了自己的请求：“陛下，请您在棋盘上第一个小格里放一粒麦子，第二个小格里放两粒麦子，第三个小格里放四粒麦子，以此类推，直到填满整个棋盘。这就是微臣想要的奖赏。”

国王一听，觉得这样的要求实在太过简单。但既然达伊尔如此要求，国王便下令满足他的要求。于是国王命令仆人们扛来一袋麦子。本以为足够，可是还没填满十格就不够了。之后，一袋又一袋的麦子被扛过来，但距离填满棋盘依然遥遥无期。

最后，国王不得不承认，倾全国之麦粒也无法满足达伊尔的请求。

一颗麦粒，小之又小，少之又少。但按照达伊尔的方法，就这样累积下去，却变成无穷无尽。

我们还可以举一个更为直观的例子。我们将自己一天的努力比作数字“1”。如果我们每天都比前一天多努力一点，就看作“1.01”，而每天都比前一天少努力一点，就当成“0.99”。那么按照“1.01”和“0.99”这两个状态各自持续一年，会出现什么样的结果？很简单，0.99 的 365 次方是 0.0255，而 1.01 的 365 次方是 37.78。也就是说，一年之后，一个每天都努力一点点的人，会挖掘出自己想象不到的潜能，获得飞速的成长；而一个每天都懈怠一点点的人，最终得到的东西会无限趋近于 0，也就是一无所获。

就像英国著名作家狄更斯，他平时很注意观察生活、体验生活。无论严寒酷暑，他每天都坚持到街头去观察和聆听，记下行人的零言碎语，从而积累了丰富的生活素材。正因为这样，他才能在《大卫·科波菲尔》中写下精彩的人物对话描写；在《双城记》中留下逼真的社会背景描写。正是这些细小的积累，使他成为一代文豪，取得了文学事业上的巨大成功。

让我们来看看“杂交水稻之父”袁隆平先生一生的经历。1953 年 8 月，袁隆平毕业于西南农学院农学系，之后服从全国统一分配，到湖南省怀化地区的安江农校任教，同年被分配到偏远落后的湘西雪峰山麓安江农校教书。

1960年7月，袁隆平在农校试验田中意外发现一株特殊性状的水稻。他利用该株水稻试种，发现其子代有不同性质。因为水稻是自花授粉的，不会出现性状分离，所以他推论这株水稻为天然杂交水稻。随后他把雌雄同蕊的水稻雄花人工去除，授以另一个品种的花粉，尝试产生杂交品种。

1961年春天，袁隆平把这株变异株的种子播种到创业试验田里，结果证明了1960年发现的那株鹤立鸡群的植株，确实是天然杂交稻。虽然袁隆平当时只是一个安江农校的普通教师，但面对当时的严重饥荒，他下定决心从事杂交水稻的试验，用农业科学技术解决饥饿问题。

1964年7月5日，袁隆平在试验稻田中找到一株“天然雄性不育株”，经人工授粉，结出了数百粒第一代雄性不育株种子。

1964年到1965年，袁隆平与科研小组在稻田进行杂交育种试验，后在稻田里找到了6株天然雄性不育的植株，经过两个春秋的观察试验，对水稻雄性不育材料有了较丰富的认识。

1965年7月，袁隆平又在安江农校附近稻田的南特号、早粳4号、胜利籼等品种中逐穗检查14000多个稻穗，得到6株不育株。经过连续两年春播与翻秋，共有4株成功繁殖了1～2代。这个研究结果彻底推翻了米丘林、李森科的传统经典理论“无性杂交”学说，并推论出水稻亦有杂交优势，通过培育雄性不育系、雄性不育保持系和雄性不育恢复系的“三系法”途径来培育杂交水稻，可以大幅度提高水稻产量。

1966年6月，水稻雄性不育试验被迫中断。

1967年4月，袁隆平起草《安江农校水稻雄性不孕系选育计划》，呈报省科委与黔阳地区科委。

1968年4月30日，袁隆平将珍贵的700多株不育材料秧苗，插种在安江农校中古盘7号田里，面积为133平方米。然而5月18日晚上，中古盘7号田的不育材料秧苗却被人为全部拔除毁坏，成为至今未破的谜案。袁隆平心痛欲绝，事发后第4天才在学校的一口废井里找到残存的5根秧苗。他继续坚持试验。

1971年春，湖南省农业科学院成立杂交稻研究协作组，袁隆平调到省农业科学院杂交稻研究协作组工作。

1973年，协作组通过测交找到了恢复系，攻克了“三系”

配套难关。10月，袁隆平在苏州召开的水稻科研会议上发表了《利用“野稗”选育三系的进展》论文，正式宣告中国籼型杂交水稻“三系”已经配套。

1975年，袁隆平攻克了“制种关”，成功摸索总结出制种技术。在党和国家的大力支持下，全国有19个省市（自治区、直辖市）先后组成科研协作组，开展群众科学实验，成功地培育成了杂交水稻。

1976年，杂交水稻成功推广。

1977年，袁隆平发表了《杂交水稻培育的实践和理论》与《杂交水稻制种与高产的关键技术》两篇重要论文。

2010年3月，袁隆平团队和张启发团队合作，共同研究转基因水稻。在合作交流会上，袁隆平称，为了消除公众对转基因抗虫稻米安全性顾虑的问题，他愿意作为第一个志愿者来试吃。

2017年9月在国家水稻新品种与新技术展示现场观摩会上，袁隆平宣布了剔除水稻中重金属镉的新成果。

2020年6月，袁隆平团队在青海柴达木盆地盐碱地里试种的高寒耐盐碱水稻（又称海水稻）长出了水稻。

作为我国首届国家最高科学技术奖得主、共和国勋章获得者、杂交水稻之父，袁隆平先生的一生只做了一件事：就是坚持不懈地研究和发展杂交水稻，改变和创新水稻的生长技术。他用半个世纪的时间，创造了科技奇迹，为解决中国人民甚至世界人民的粮食问题做出了重大贡献。

袁隆平先生用自己一生的经历，告诉了我们一个道理：一生，只要专注一件事，就足以凝聚出巨大的能量。而这种能量，会带领我们改变自己，去克服一切困难，走出一切困境、绝境，直至成功。

第四章 破局二：走出困境

咬定青山不放松，
立根原在破岩中。
千磨万击还坚劲，
任尔东西南北风。

除了改变，我们在破局时还应当具备哪些条件呢？其实我们把“如何解决掉一个难题”所需的步骤拆分出来，就不难得到答案。

目标和方向，以及决心、方法、执行、坚持，将这些方面完成好，我们就一定可以走出困境，取得成功。一个人，如果知道自己想要什么，而且知道如何去得到，同时还能够坚持不懈地去执行，那么这个人将无往而不胜，他的成功只不过是时间的问题。

第一节　清晰的目标和正确的方向

做任何事情都需要有一个清晰、明确的目标。如果连我们自己都不知道想要什么，想成就什么，那么这本身就是一个巨大的困境。我们就会像无头苍蝇一样每日忙忙碌碌却最终一无所成。目标就像是我们在航行时的灯塔，它可以时刻提醒我们的位置，让我们不会迷失自己。

所以，面对困境，我们的目标必须清晰明确。同时，目标与方向相辅相成，方向也必须正确。如果方向是错的，那么无论怎么努力，也永远实现不了目标，甚至还有可能距离目标越来越远。

一位老人家问一群年轻人："如果让你们去山上砍树，正好面前有两棵树，一棵粗，另一棵细。你们会砍哪一棵？"

问题一出，大家都说："当然砍那棵粗的了。"

老人家一笑，说："那棵粗的不过是一棵普通的杨树。

而那棵细的却是红松。现在你们会砍哪一棵？”

大家一想，红松比较珍贵，于是说：“当然砍红松了，杨树又不值钱。”

老人家继续笑着问：“那如果杨树是笔直的，而红松却七歪八扭，你们会砍哪一棵呢？”

大家觉得有些疑惑，思考了一会儿，说：“如果这样的话，还是砍杨树。红松弯弯曲曲的，什么都做不了。”

老人家目光闪烁，接着又加了条件。他说：“杨树虽然笔直，可由于年头太久，中间大多空了。这时，你们会砍哪一棵？”

虽然搞不懂老人家到底想问什么，但大家还是从他所给的条件出发，说：“那还是砍红松。杨树中间空了，更没有用。”

老人家紧接着问：“可是红松虽然不是中空的，但它扭曲得太厉害，砍起来非常困难。你们会砍哪一棵呢？”

大家索性也不去考虑他到底想得出什么结论，就说：“那就砍杨树，同样没啥大用，当然挑容易的去砍了。”

老人家不容喘息地再问：“可是杨树之上有个鸟巢，几只幼鸟正躲在巢中。你们会砍哪一棵？”

终于，有人禁不住问道：“老人家，您到底想告诉我们什么呢？”

老人家收起笑容，说：“你们怎么就没人问问自己，到底为什么砍树呢？虽然我的条件不断变化，可是最终结果取决于你们最初的动机。如果想要取柴，就砍杨树；想做工艺品，就砍红松。你们当然不会无缘无故提着斧头上山去砍树啊。”

老者的问话对我们有着醍醐灌顶的效果。没有清晰的目标，我们就会被周围的条件和所处的环境牵着走，一会儿做这个，一会儿做那个，到头来耗费了时间精力，却什么都没有做成。

一旦清楚了自己的目标，我们就可以在努力的过程中排除掉那些干扰项。而我们所有的行动，也都应该围绕那个目标去进行。这本身就是一件极具效率的事情。所以，对一个身处困境的人而言，弄清楚自己想要什么，这是头等大事。目标必须清晰明确，就像是头顶的太阳，可以时时提醒我们，不会让我们忘记初衷，被其他因素所干扰。

父亲带着三个儿子到草原上猎捕野兔。在到达目的地，一切准备停当，开始行动之前，父亲向三个儿子提出了一个问题：“你们看到了什么呢？”

大儿子回答道：“我看到了我们手里的猎枪、在草原上奔跑的野兔、还有一望无际的草原。”

父亲摇摇头说：“不对。”

二儿子的回答是：“我看到了爸爸、大哥、弟弟、猎枪、野兔，还有茫茫无际的草原。”

父亲又摇摇头说：“不对。”

而小儿子的回答只有短短几个字：“我只看到了野兔。”

这时父亲才说：“你答对了。”

猎枪也好、草原也好、父亲兄弟也好，都不是父子四人此行的目的。他们的目的是猎捕野兔。那么围绕这个目的，他们需要关注的就只有野兔，其他的事物，都只能徒增干扰。

当一个人专注一件事时，他可以调动自己全部的能量去针对这件事，不会耗费时间与精力去关注与这件事无关的东西，真正做到了心无旁骛。也只有这样，才有可能解决眼前的难题，获得成功。

一个对自己学业有清晰定位的大学生，在大学时期一定会利用所有的时间来充实自己，不会去过多考虑和计较自己吃什么、喝什么、穿什么、玩什么。相反，一个对自己学业没有任何规划和期待的大学生，在大学期间一定是得过且过，这个也试试，那个也尝尝，到最后蒙混过关，稀里糊涂地踏入社会，却发现自己四年的大学时光什么知识本领也没学到，什么也没掌握。

罗斯福总统的夫人在本宁顿学院读书的时候，打算在电讯业找一份工作来补助生活。

于是她的父亲为她引见了自己的一个好朋友——当时担任美国无线电公司董事长的萨尔洛夫将军。

将军热情地接待了她，并认真地问："想做哪一份工作？"

她简单地回答说："随便吧。"

将军神情严肃地对她说："没有任何一类工作叫'随便'。"

片刻之后，将军目光逼人，又以长辈的口吻提醒她："成功的道路是用目标铺出来的。"

没有任何一类工作叫"随便"。我们"随便"地对待生活和工作，那么生活和工作也一定会"随便"地回报我们。没有目标，我们就是在浑浑噩噩中度过每一天，白白浪费掉自己宝贵的时间。既然不知道自己应该做什么，那么就一定不知道自己做了什么，到最后很可能就是什么也没做。

要给自己设定各种大大小小清晰的目标，然后让自己的一切行动都围绕这些目标去进行。这样，我们的人生就会随之变得清晰且有意义。而面对很多挫折和困境，就是因为人们有了清晰明确的目标，才能够最终解决掉这些障碍。

有一天，一位记者到建筑工地采访，分别问了三个建筑工人一个相同的问题。

他问第一个建筑工人正在干什么活。那个工人头也不抬地回答:“我正在砌一堵墙。”

他问第二个建筑工人同样的问题。第二个建筑工人回答:“我正在盖房子。”

记者又问第三个工人。这次他得到的回答是:“我在为人们建造漂亮的家园。”

记者觉得三个建筑工人的回答很有趣，就将其写进了自己的报道。

若干年后，记者在整理过去的采访记录时，突然看到了这三个回答。三个不同的回答让他产生了强烈的探求结果的欲望，想去看看这三个工人现在的生活怎么样。

等他找到这三个工人的时候，结果却令他惊讶万分。

当年的第一个建筑工人现在还是一个建筑工人，仍然像从前一样砌着他的墙。而在施工现场拿着图纸的设计师竟然是当年的第二个工人。至于第三个工人，记者没费多少工夫就找到了。他现在成了一家房地产公司的总裁，而前两个工人正在为他工作。

是不是有了目标就一定能够走出困境，破局而出呢？不一定。还要看这个目标是怎样的。因为一个人的目标在很大程度上直接决定了他将来的前途。

一个人在就餐时间选择食物时，如果他的目标只是吃饱，那么他随便选一些食物就可以；如果他的目标是吃好，那么他就需要去挑选淘汰；如果他确定了自己一定要吃哪几道菜，那么他就必须花很多精力去寻找。同样是一顿饭，目标不同，耗费的精力和时间不同，最终得到的满足感和成就感也不会相同。

推而广之，面对困境，如果我们只是想逃避它，那么就会采取一切消极的方法，能躲就躲；如果我们决定尝试解决它，那么就会采取一些有限的手段，但很有可能浅尝辄止；但如果我们下定决心一定要克服它，那么就会调动自己和身边的一切力量，竭尽全力地去战胜它。可见，目标不同，结果自然不同。

曾经有一个心理学家做了这样一个实验：他组织了三组人，让他们分别向着10公里以外的三个村子进发。

第一组人既不知道村庄的名字，也不知道路程有多远，心理学家只是告诉他们跟着向导走就行了。于是，刚走出两三公里就开始有人叫苦。走到一半的时候，有人开始愤怒。他们抱怨为什么要走这么远，询问何时才能走到头。有的人甚至坐在路边不愿再走。就这样，越往后走，这组人的负面情绪就越强烈。

第二组人知道村庄的名字和路程有多远，但路边没有标志，只能凭经验来估计行程的时间和距离。在走到一半的时候，大多数人想知道已经走了多远。比较有经验的人说："大概走了一半的路程。"于是，大家又簇拥着继续往前走。当走到全程约3/4的时候，大家情绪开始低落，觉得疲惫不堪，而路程似乎还很长。当有人说"就快到了"的时候，大家又重新振作起来，加快了行进的步伐。

第三组人不仅知道村子的名字、路程，而且公路旁每一公里都有一块里程碑。人们边走边看里程碑，每缩短一公里大家便有一小阵欢呼。行进中他们用歌声和笑声来消除疲劳，情绪一直很高涨，所以很快就到达了目的地。

通过这位心理学家的实验，我们可以得出一个结论：当人们的行动有了明确的目标，并能把行动与目标不断地加以对照，进而清楚地知道自己的进展与目标之间的距离，那么人们行动的动机就会得到维持和加强，就会自觉地克服困难，努力到达目标。

清楚目标，清楚距离，有参照物，人就会产生自驱力，奔着目标勇往直前，那么一切困难也就都变得不再是难以逾越的障碍。

日本著名马拉松运动员山田本一曾在 1984 年和 1987 年的国际马拉松比赛中两次夺得世界冠军。

当记者们问他凭借什么取得如此出色的成绩时，山田本一总是斩钉截铁地回答道:“凭智慧战胜对手，取得胜利。”

人们都知道，马拉松比赛主要是对运动员体力和耐力的较量，暴发力、速度和技巧都在其次。因而对山田本一“凭智慧取胜”的回答，许多人疑而不信，总觉得他是在故弄玄虚。

然而十年后，人们终于从山田本一的自传中，验证了“凭智慧取胜”确实是他获得成功的关键所在。

他在自传中写道：“每次比赛之前，我都要乘车将比赛的路线仔细地勘察一遍，并把沿途比较醒目的标志画下来。比如第一个标志是一家银行，第二个标志是一棵大树，第三个标志是一座公寓，就这样一直到赛程的终点。比赛开始后，我快速地向第一个目标冲去；到达第一个目标后，又快速地向第二个目标冲去。就这样，40 多公里的路程被我分解成若干个小目标，使我能够一直保持状态跑完全程。但起初我并不是这样做的，而是把目标一下子定在终点线的那面旗帜上。结果我跑到十几公里就会觉得疲惫不堪，因为我被前面那段遥远的路程吓倒了。”

有清晰且远大的目标，固然是一件好事。但如果目标过于遥不可及，反而会让我们产生无力感和挫败感。这些无力感和挫败感会不断地消磨我们的意志，最终让我们放弃。

所以，我们要将一个远大的目标切分成很多个阶梯状的近在眼前的力所能及的小目标。每完成一个小目标，就登上了一节台阶，就距离最终的目标又近了一步。这既让我们不断产生满足感，又让我们不至于迷失自我。

一个因身体肥胖而整天苦恼，于是立志瘦身的人，将最终目标定为减重 25 千克。如果只是针对这个目标，那么他可能会觉得太过艰难，很容易中途放弃。但如果他将这 25 千克细分成 10 个 2.5 千克，一点点去完成。那么，每完成一次，他都会有一点成功的喜悦。在这些阶段性成功的鼓励下，他也不会觉得减肥那么辛苦，于是他就很有可能坚持直到最后，实现自己的终极目标。

战国时期，有个人要去楚国。他驾着马车在太行道上急驰。沿途，他遇到一个同路人，二人攀谈起来。

当同路人得知他要去楚国时，大吃一惊地问他："楚国在南方，你怎么朝北走啊？这样走，什么时候能到楚国呢？"

这人不慌不忙地说："没关系，我的马跑得快，不愁到不了楚国。"

同路人又提醒他："这样走会离楚国越来越远的。"

这人指指自己的行李说:“我带的路费、干粮很多，能用好多天，路远不要紧。”

同路人着急地再次劝说:“你走错路了。这样走你到不了楚国的。”

这人仍然很自信地说:“我的车夫驾车技术非常好，不用担心。”

同路人见这人如此糊涂和执拗，便无可奈何地摇摇头，再也不劝了。

《南辕北辙》的故事是魏国大臣季梁讲给魏安厘王的。当时魏安厘王准备攻打赵国，季梁用这个故事劝谏魏安厘王放弃这个打算。季梁认为成就霸业，是通过诚信树立威望，取得天下人的拥护。如果用武力成就霸业，恰恰就像去楚国向北走的人一样，条件越好，离目标越远。

我们在人生道路上，也经常会犯类似南辕北辙的错误，并因此陷入困境。想把企业做大做强，却不认真研究如何把产品做好做强，而是整天只想着如何通过低劣的产品来降低成本，提高利润；想聚集财富，却不努力拼搏奋斗，而是经常流连赌场，妄想一夜暴富；想考试过关，却不认真复习，而是绞尽脑汁想着如何在考场上作弊。所有这些，都是有了清晰的目标，却选择了错误的方向。而这些错误的方向，只会将我们带入困境，不会让我们实现最初的目标。

所以，我们要时刻反思：我的目标是否清晰明确，而我选择的方向是否真的可以让我实现这个目标。

第二节　坚定的决心

有了清晰的目标和正确的方向，紧接着我们需要的就是决心。没有决心，一切所谓伟大的理想都不过是一句空谈；没有决心，一切想要破局而出的美好愿望都不过是一堆奢想。

什么是决心？决心就是坚定不移的意志；就是敢于克服一切困难，不达目的誓不罢休的精神。只有决心坚定，我们才会朝着目标努力前行，同时才能够克服行进道路上的阻碍。

公元前496年，春秋后期的吴王阖闾派兵攻打越国，被越王勾践打得大败，阖闾自己也受了重伤。临死前，他嘱咐儿子夫差要替他报仇。于是夫差牢记父亲的话，日夜加紧练兵，准备攻打越国。

两年后，夫差率兵攻打越国，将勾践打得大败。勾践被吴军包围，无路可走，准备自杀。这时他的谋臣文种劝住了他，说：“吴国大臣伯嚭贪财好色，可以派人去贿赂他。只有活下去，才可以扭转局面。”勾践听从了文种的建议，就派他带着珍宝贿赂伯嚭。伯嚭答应文种去见吴王夫差。

文种见了夫差，献上珍宝，说：“越王愿意投降，做您的臣下伺候您，请您能饶恕他。”伯嚭也在一旁帮文种说话。这时伍子胥站出来大声反对道：“人常说‘治病要除根’。勾践深谋远虑，文种、范蠡精明强干。这次放了他们，他们回去后就会想办法报仇的。”但此时的夫差以为越国已经不足为患，便没有听取伍子胥的劝告，反而答应了越国的投降，把军队撤回了吴国。

吴国撤兵后，勾践便带着妻子和大夫范蠡到吴国伺候吴王，渐渐赢得了吴王的欢心和信任。三年后，勾践等人被释放回国。

勾践回国后，立志发愤图强，准备复仇。他怕自己贪图舒适的生活，消磨了报仇的志气，晚上就枕着兵器睡在稻草堆上。他还在屋子里挂上一只苦胆，每天早上起来后就尝尝苦胆。这时门外的士兵就会问他：“你忘了在吴国三年的耻辱了吗？”他安排文种管理国家政事，范蠡管理军事，自己则亲自到田里与农夫一起干活，妻子也纺线织布。

勾践的这些举动感动了越国上下的官民。经过十年的艰苦奋斗，越国终于兵精粮足，转弱为强。而吴王夫差则盲目争霸，丝毫不考虑民生疾苦。他还听信伯嚭的谗言，杀了忠臣伍子胥。虽然后来夫差称霸于诸侯，但这时的吴国，表面看似强大，实际上已经外强中干。

公元前482年，夫差亲自带领大军北上，与晋国争夺诸侯盟主。越王勾践趁吴国精兵在外，突然袭击，一举打败吴兵，杀了吴国太子友。夫差听到这个消息后，急忙带兵回国，并派人向勾践求和。勾践暂时同意了求和。

公元前473年，勾践第二次亲自带兵攻打吴国。这时的吴国已经是强弩之末，根本抵挡不住越国军队的强势猛攻，屡战屡败。最后，夫差又派人向勾践求和。但范蠡坚决主张要灭掉吴国。夫差见求和不成，终于后悔当年没有听伍子胥的忠告，羞愧难当，拔剑自杀了。从此，吴国灭亡，被越国吞并。

“苦心人，天不负，卧薪尝胆，三千越甲可吞吴。”卧薪尝胆的背后，就是一往无前的决心。越王勾践有着清晰的目标：求存、强国、报仇、雪耻。他为了这个目标立下了坚定的决心。所以他才能够忍辱负重，才能够卧薪尝胆，才能够真正做到“坚刚不可夺其志，万念不能乱其心”。这就是决心的力量。

我们中的大多数，在孩童时代都会树立理想。而这些理想中的大多数，又都是崇高和美好的。但最终真正实现这些理想的人却少之又少。为什么？或许有诸多客观因素的影响，但更多的原因是我们自己没有下定决心，从而导致我们一次次的放松懈怠，一次次的遇难而退，一次次的浅尝辄止，最终导致我们离自己的目标越来越远。

面对困境就更是如此。单单依靠“我要走出困境”这个目标，我们是无法破局的。我们有多想走出困境的欲望，就要下多大的决心，这样才能最大化地点燃身体内的自驱力。

曾经有一个小男孩，他每天早晨都会提前到学校生火。因为他想在老师和同学们到来之前让教室里变得暖和一些。而当时校舍取暖用的设备是一只老式的大肚煤炉。

有一天，当老师和同学们到达学校时，却发现校舍被熊熊烈火所吞没。当他们把失去知觉的小男孩从火中救出来时，他已经奄奄一息。他的下半身被严重烧伤。他们把小男孩送往了学校附近的一个乡村医院。

被严重烧伤，神志不清的小男孩躺在病床上，模糊地听到医生在对他的母亲说话。医生告诉他的母亲，他的儿子难逃一死，因为可怕的大火已经烧坏了他的下半身。

但勇敢的小男孩并不想死，他决心活下来。于是让医生惊讶不已的奇迹发生了：小男孩真的活了下来。当危险期过去之后，他又听到医生告诉自己的母亲，因为大火吞噬了他下肢的许多肌肉，他注定要做一辈子的残疾人，无法再活动他的双腿。

于是这个勇敢的小男孩再一次下定决心：他不想做一个瘸子，他要走路。但不幸的是，他腰部以下无法活动。他细瘦的双腿摇摇晃晃，一点儿知觉也没有。

经过长时间的治疗，小男孩终于出院了。他的母亲每天都为他按摩双腿，但他的双腿仍然毫无知觉，然而他想要再次站起来的决心依然坚定。

除了必须卧床的时间，平时他就坐在一把轮椅中。一天，他的母亲推着轮椅，想让他到院子里呼吸新鲜空气。来到院子后，他决定不再坐在轮椅里，而是用自己的上身扑下轮椅。他开始拖着双腿，在草地上爬行。他爬到院子的围栏边，费力地抓住围栏，然后让自己的身体直立起来。再然后，一根栏杆接着一根栏杆，他一边拉住围栏把自己向前拖，一边心中想着自己一定会重新行走。

从此，小男孩开始每天这样锻炼，直到将院子的围栏边拖出了一条光秃秃的小径，他仍然坚信自己能再次走路。

后来，他通过母亲每日悉心的按摩和钢铁般的决心，渐渐能够自己站立。接着，他开始可以摇摇晃晃地行走。然后，他可以正常地行走。最后，他竟然还可以跑步了。然后他开始步行去学校，又慢慢转为坚持跑步上学。在大学里，他入选了校田径队。后来，在麦迪逊广场花园，这个在别人看来不可能活下来，肯定无法行走，更别说能够跑步的年轻人，打破了当时1英里跑步的世界纪录。他的名字叫格兰·坎宁安。

从“我要活下来”，到“我要重新开始行走”，坎宁安用自己的决心支撑了自己的目标，并最终实现了这些目标，甚至远远超越了这些目标。

当我们在抱怨自己命运不济，或是深陷困境时，却不知道有些人命运比我们更加悲惨，有些人正陷入比我们所面临的困境更加痛苦的绝境中。而那些最终打破命运桎梏，最终走出绝境的人，一定拥有着我们所不具备的坚定决心。

“蝮蛇螫手，壮士解腕。”蝮蛇螫手是困境，壮士解腕是方法和行动。夹在这两者之间的，一是求存的目的，二是为了求存甘愿解腕的决心。我们面对类似的困境，是否有这样的决心？如果没有，那么就不可能破局而出；如果具备，那么破局而出就会成为可能。

一个创业者遭遇失败，想要东山再起，那么他是否愿意将当初创业的痛苦遭遇再经历一遍，甚至更多遍？一个曾经工作顺遂的人遭遇失业，想要重新成为业内翘楚，那么他是否愿意从最基础的开始，一点一滴再次积累？

下多大的决心，就能吃多大的苦，受多大的罪，就能忍人所不忍，最终才会能人所不能。

1867 年，一位名叫约翰·罗布林的工程师决心做一件事情：他要建造一座把纽约和长岛连接起来的雄伟大桥。然而，许多造桥专家在得知此事后都认真劝告罗布林放弃这个想法，因为它非常不切实际，以前没有人完成这样的工程，现在也不可能做到。

但罗布林的心中无法抹去对这座大桥的憧憬。他一直在考虑这件事，并从内心深处坚信这座桥一定能够建成，他下定决心一定要实现这个梦想。在经过多次讨论和劝说之后，他终于说服了自己的儿子华盛顿·罗布林——一位很有前途的工程师。他让华盛顿相信这座桥实际上是可以建成的。

在第一次尝试时，这对父子就对如何建桥以及如何克服障碍达成了共识。怀着极大的热情以及面对非凡挑战的兴奋，他们雇请了自己的团队，开始建造他们的梦想之桥。

工程在开始的时候还算顺利。但在动工仅仅3个月之后，约翰·罗布林就因为受伤感染破伤风而不治去世。雪上加霜的是，他的儿子华盛顿·罗布林随后也在大桥施工时患上了“沉箱病”，并导致全身瘫痪。

“我们早就告诉过他们会是这个结果。”“疯狂的人，疯狂的梦想。”“追求异想天开的幻想是非常愚蠢的行为。”流言蜚语接踵而来。大家都认为应该将尚未完成的大桥拆除，因为只有罗布林父子才会去建造这座桥，而如今他们已经一死一伤。

可华盛顿·罗布林没有气馁。他继承了父亲的遗志，仍然对建成这座桥怀有强烈的意愿，而且他的思维仍像从前一样敏捷。他想方设法地鼓励他的朋友，并用自己的热情去感染他们，但这些人仍然在这项艰巨的任务面前畏缩犹豫。

华盛顿·罗布林也曾经想到过放弃。但有一天，当他躺在医院的病床上时，阳光从窗口照进病房内，微风吹开了薄薄的窗帘，使他能够短暂地看到外面的天空和树梢。华盛顿认为这是一个让他不要放弃的信息。之后他想到了一个主意：他全身上下还有一个手指能动，于是他决定要充分利用这根手指。他决定通过移动这根手指，慢慢摸索出一套与妻子进行交流的密码。

华盛顿·罗布林用这根唯一可以活动的手指碰触妻子的手臂，使她知道自己的想法，他想让她再去召集那些建桥的工程师。然后他用同样的方法轻敲她的手臂，告诉工程师们应该做什么。这个方法似乎有些笨拙，但是工程终于重新开始了。

华盛顿·罗布林就这样用他的那根手指在妻子的手臂上敲击指令，前后一共敲了13年，直到大桥最终建成。

布鲁克林大桥全长1834米，桥身由上万根钢索吊离水面41米，是当年世界上最长的悬索桥，也是世界上首次以钢材建造的大桥，被誉为工业革命时期全世界七个划时代的建筑工程奇迹之一。

直到现在，雄伟的布鲁克林大桥依然屹立不倒。它的存在，是对一对父子不屈不挠的精神和他们没有被艰难的环境打败的坚强意志的赞美。它还是一座有形的纪念碑，纪念一位妻子对丈夫的爱和奉献，是她 13 年如一日地耐心解读丈夫的想法，然后帮助他去实现了心中的梦想。

很少有人会知道，世界闻名的布鲁克林大桥的总工程师是一名全身瘫痪甚至无法说话的人。而建造这座桥的难度，即便是一个身心健康的正常人都会望而却步。那么是什么让这项看起来绝不可能完成的工程变成现实的呢？是决心，是排除万难争取胜利的决心。

“中国克隆之父”童第周少年时代在考取宁波效实中学后，成为三年级的插班生。但入学第一次考试后，他的成绩是全班倒数第一。面对成绩单，童第周难过不已。

随后，从童第周所在的寝室传出了“童第周不顾学习，经常谈恋爱到深夜”的传言。这些传言引起了关心他的同学和老师的担忧。

一天深夜，教数学的陈老师发现在昏黄的路灯下有个瘦小的身影在晃动。陈老师带着疑问走过去，发现原来是童第周正在借着路灯的灯光演算习题。陈老师看着童第周瘦小的身躯，劝童第周回去休息。等童第周答应后，陈老师转身离去，可没走多远，就看到童第周又站在路灯下捧着书本读了起来。

等到期末考试时，童第周靠着自己的刻苦努力，使各科成绩都达到了70分，其中几何得了满分，引起了全校的轰动。而到了高三后，他的总成绩名列全班第一。校长陈夏常说："我当了多年校长，从来没有看到过进步这么快的学生。"

后来童第周回忆自己童年经历的时候，感慨地说："在校时的两个'第一'，对我一生有很大影响。那件事使我知道自己并不比别人笨。别人能做到的，我经过努力也一定能做到。世上没有天才，天才是用劳动换来的。"

童第周是我国实验胚胎学的主要奠基人、中国海洋科学研究的奠基人、生物科学研究的杰出领导者。他开创了中国克隆技术之先河，被誉为"中国克隆之父"。

童第周之所以能取得这样辉煌的学术成就，源自少年时代的求学经历。而这段经历，是从全班倒数第一开始，以全班正数第一结束。在这段经历中，童第周认为自己并不比别人差，于是下决心考出好成绩。就是这份决心，让他废寝忘食地去学习，最终实现了自己的目标。

绝大多数长期抽烟的人，都至少尝试过一次戒烟。但真正成功的人少之又少。是没有目标吗？不是。是缺少方法吗？可能是，但绝不是主要原因。真正的原因，是没有坚定的决心。

由此推之，我们在生活中树立过多少次目标？考上名牌大学，找到满意的工作，成为富有的人等。然而最终有几个人实现了目标？面对这些目标，有多少人只是想想而已，有多少人真正付诸了行动，有多少人浅尝辄止，又有多少人半途而废？最终没有实现目标的原因，大部分都是决心不够坚定。不是我们不想，而是我们不够想。

没有一往无前的决心，就无法作出远超常人的成就，更不要说走出困境。所以，在树立目标后，我们接下来要做的就是坚定决心。决心有多大，我们付出的努力就有多大。而当我们依靠这份决心付出了100%甚至200%的努力后，困境就会被我们击溃。

第三节　正确的方法

在确立清晰的目标和拥有坚定的决心之后，为了走出困境，接下来我们应当思考的，就是正确的方法。

如果将目标想象成一个目的地，我们选择好了目的地，也选择了正确的方向，并且下定决心一定要到达目的地，那么我们使用什么样的交通工具，这就是方法的选择。合适的交通工具能够让我们事半功倍。相反，错误的交通工具则很有可能令我们事倍功半，甚至永远无法到达目的地。

一只乌鸦口渴了，它在低空盘旋着找水喝。找了很久，它才发现不远处有一个水瓶，于是飞了过去，停在水瓶口，准备痛快地喝水。可当它喝水时才发现，水瓶里的水太少，瓶口又小，瓶颈又长，它的嘴无论如何也够不着水。

该怎么办呢?

乌鸦决定把水瓶撞倒，这样就可以喝到水。于是，它从高空飞下，猛烈撞击水瓶。可是水瓶太重，乌鸦虽然用尽全身的力气，但水瓶仍然纹丝不动。

于是乌鸦又从不远处叼来一块石子，朝着水瓶砸下去。它本想把水瓶砸坏之后再饮水，没想到石子正好落进了水瓶里。

乌鸦飞下去，发现水瓶没有任何破损。懊恼之余，它又细心地发现，石子沉入瓶底后，瓶中的水面好像比原来高了一些。

乌鸦终于找到了正确的方法，于是便开始行动。它叼来许多石子，把它们一块一块地投到水瓶里。随着石子的增多，水瓶中的水面也一点一点地慢慢上升。终于，水瓶里的水上升到了瓶口附近，而乌鸦也终于喝到了水。

《乌鸦喝水》的故事源自《伊索寓言》。乌鸦在一次次的尝试中找到了解决问题的办法。喝水是目的，不断地尝试是决心，而将石子扔入瓶中抬高水位就是正确的方法。

这个故事告诉我们：遇到困难，要勤于思考，善于探索，运用自己的智慧去发现问题的本质，而不要被事情的表象所迷惑。如此，再大的困难也可以迎刃而解。

很多时候，我们所面临的困境之所以无法破解，其本质就在于没有找对方法，或者说没有找到更有效率的方法。比如利用时间，很多工作的人都抱怨自己的时间不够用，每天要处理的事情太多，想要再学习“充电”却没有时间。但聪明的人就会将自己一天的工作内容详细合理地规划好，能合并的合并，能调整的调整，能删减的删减，同时充分利用一切细碎的时间段来学习，从而达到提高自己的目的。

一个修行者在河边打坐时，听到有挣扎的声音。他睁开眼睛一看，一只蝎子正在水里挣扎。于是他伸手把它捞了出来，但是在捞的过程中，他被蝎子竖起的毒刺蛰了一下。

过了一会儿，仍在打坐的修行者又听到挣扎的声音。他再次睁开眼睛时，看到蝎子又掉到水里去了。于是他再次把它救了上来。当然，在这过程中他又被蛰了一下。

修行者继续打坐。又过了一会儿，他和蝎子又各自经历了相同的遭遇。

这时，旁边的一位渔夫问道：“你难道不知道蝎子会蜇人吗？”

“知道。已经被他蛰了三次了。”

“那你为什么还要救它？”

“蜇人是它的本性；慈悲是我的本性。我的本性不会因它的本性而改变。”

就在这时，修行者和渔夫又听到了挣扎的声音。果不其然，还是那只蝎子。修行者看看自己肿起来的手，再看看在水中挣扎的蝎子，毫不犹豫地再次朝它伸出手去。

这时，渔夫把一截干枯的树枝递到了他的手上。于是修行者用这截枯枝捞起蝎子，放到了岸边。与之前不同，他的手这次没有再被蛰。

渔夫笑着对修行者说：“慈悲是没错的，但既要慈悲蝎子，也要慈悲自己。所以，慈悲也要有慈悲的方法。”

修行者以慈悲心去拯救蝎子，他没有错。蝎子蜇人是天性，它伤害了修行者，但它也没有错。然而修行者却陷入了救蝎子就要被蛰的困境中。解决这个困境的方法，就是渔夫递过来的一截树枝。

修行者的初衷值得赞美，但他的行为方式却有待商榷。如果我们进一步探讨，在日常生活中，我们多多少少都经历过好心办坏事的情况。善意的初衷，恶劣的结果，夹在这中间的，往往就是处理问题的方式方法不对。

父母们在教育子女时，往往以说教为主。长篇大论地批评指责，如果效果不明显，就进而演变成打骂，随即激化矛盾，结果孩子反而变得更加顽劣。然而我们应当明白：言传身教，身教大于言传。我们要先反思自己。榜样的力量是无穷的，我们自己是什么样子的，子女就会以我们为模板。而我们要求子女的，自己首先就应当做到。

战国时期，齐国的大将田忌经常同齐威王进行跑马比赛。在比赛前，双方各下赌注，每次比赛共设三局，胜两次以上的为赢家。

然而，每次比赛田忌总是输给齐威王。这天，田忌在赛马时又输给了齐威王。回到家中，田忌心情十分郁闷，他将事情告诉了孙膑。

孙膑是孙武之后，熟读兵书战策，深谙兵法，足智多谋，只是曾被魏国将军庞涓所谋害，造成双腿残疾。他被田忌救到齐国后，很受器重，奉为上宾。

孙膑对田忌说："将军与大王的马我都看了。其实，将军的三等马匹与大王的马匹都各自只差那么一点。如果您坚持第一局派出自己的上等马与大王的上等马比赛；第二局派出自己的中等马与大王的中等马比赛；第三局派出自己的下等马与大王的下等马比赛，那么您永远不会赢。"

田忌不解地问:“不这样，又该怎么办呢?”

孙膑对田忌说:“下次赛马时，您照我的办法派出马匹，就一定会取胜。您只管多下赌注就是了。”

田忌听后大喜。于是他主动与齐威王相约，择日再进行赛马。

齐威王听后笑言:“田将军又想给寡人送钱财了。再比，将军也还是输。”

赛马的日子到了。双方的骑士和马匹都来到赛马场上。齐威王和田忌在看台上饶有兴致地观看比赛。孙膑也坐着车子，待在田忌的身旁。

赛马开始后，第一局田忌派出了自己的下等马，对阵齐威王的上等马。结果可想而知，田忌输掉了第一局，齐威王十分得意。

第二局，田忌派出了自己的上等马对阵齐威王的中等马。结果，田忌赢了第二局。

第三局，田忌派出自己的中等马对阵齐威王的下等马，田忌又赢了第三局。

三局两胜，田忌第一次在赛马比赛中战胜了齐威王。由于事先田忌下了很大的赌注，所以他把前几次输掉的银子都赚了回来，还略有盈余。

同样的赛制，同样的场地，同样的马匹，同样的骑手，客观条件没有任何变化，但田忌却先输后赢。原因何在？因为孙膑让他抛掉了过去的惯性思维，给他提供了一个全新的思路：更换马匹的出场顺序和比赛对手。

这个方法实施起来轻而易举，换来的结果却与以往天差地别。事实上，我们在人生中遇到的很多看似无解的难题，解决的方法却都非常简单。只不过是我们自己被固有的思维方式所局限，从而停止了思考和探索。

操场上，老师将学生分成两队，然后让他们分别把两串钥匙从第一个同学传到最后一个同学，还要求必须碰到每个人的手。一队用了15秒的时间完成了任务，另一队则选择将全员围成一个圈，然后所有人的手叠在一起，第一个人拿着钥匙从自己手的侧面沿途依次划过所有人的手，最后经过最后一人手的侧面，由其握住，总共用时不到1秒。

困境就像一个顽皮的孩子，找不到正确的方法，就永远无法驯服他。可一旦发现了它的弱点，只要方法得当，它就会乖乖听话。

阿普顿是普林斯顿大学的高材生，毕业后被安排在爱迪生身边工作。

爱迪生小时候以卖报为生，虽然靠自学成才，最终成了科学界的著名人物，可在当时门第观念很重的年代里，爱迪生仍然常常遭到不公平的对待。

阿普顿出身名门，又是高等学府的佼佼者，起初对爱迪生很不以为然，常常流露出嘲讽的神情。可是，一件小事却使阿普顿对爱迪生的态度有了根本的改变。

有一次，爱迪生在研究一个科目，需要一个数据，便对阿普顿说："请你帮我把那只梨形玻璃泡的容积算一下，我等着用。"

阿普顿点点头，心想：这很简单，花不了多少时间。于是他拿起梨形玻璃泡，用尺子上下量了几遍，再按照式样在纸上画好草图，列出了一道算式。可他算来算去，始终无法算出来。一连换了几十个公式，还是没结果。时间过去了两个多小时，阿普顿急得满脸通红，狼狈不堪。

这时，爱迪生在实验室等了很久，不见阿普顿把答案拿来，觉得很奇怪，便走到阿普顿的工作间。他看到阿普顿一脸窘迫，又看到那几张白纸上密密麻麻地列满了算式，却没有答案，便拍拍阿普顿的肩，笑了笑说："这样计算太浪费时间了。"

阿普顿不悦地说:“不这样算那该怎么算?”

爱迪生拿起玻璃泡，将水倒进去，然后交给阿普顿说:“您去把这里的水再倒进量杯，看看它的体积刻度，那就是咱们需要的答案。”

阿普顿茅塞顿开。他没想到自己费尽脑汁花了半天时间没算出的答案，竟然被爱迪生在眨眼间就完成了。于是他难为情地转身去按爱迪生的指示开始工作。

从此，阿普顿终于被爱迪生所折服，从不敬到尊重，成了爱迪生事业上的得力助手。

阿普顿出身名门，从小接受精英教育；爱迪生出身平凡，几乎是自学成才。然而面对同一个问题，爱迪生瞬间解决，阿普顿却束手无策。可见，客观环境并不能完全左右一个人解决问题的能力。想要解决问题，蛮干硬闯是不行的，要懂得变通、转换思维，这样才能找到新的可能性。

打开一扇门，要么推，要么拉。当我们推门而无法打开时，下意识地就会尝试去拉。这个简单的道理，应用在解决其他难题时一样适合。因为这世间成功的道路永远不止一条。

一个人走进纽约的一家银行，来到信贷部，大模大样地坐了下来。

“请问先生有什么事情吗？”贷款部经理一边问，一边打量着来人的穿着：豪华的西服、高级皮鞋、昂贵的手表，还有镶着宝石的领带夹子。

“我想借些钱。”这个人说。

“好啊。您要借多少？”

“1美元。”

“只需要1美元？”

“不错，只借1美元，可以吗？”

“当然可以。只要有担保，再多点也无妨。”

“好。这些担保可以吗？”这个人说完，就从豪华的皮包里取出一叠股票、国债等有价证券，然后放在信贷部经理的写字台上。

“总共50万美元，够了吧？“

“当然，当然。不过，您真的只要借1美元吗？”

“是的。”

“年息为6%。只要您付出6%的利息，一年后归还，我们就会把这些证券还给您。”

“谢谢。”这个人说完就准备离开银行。

一直在旁边冷眼观看的银行行长怎么也弄不明白，拥有 50 万美元的人，怎么会来银行借 1 美元？于是他急忙追上前去，对这个人说："这位先生请留步。"

"有什么事情吗？"

"我实在弄不清楚，您拥有 50 万美元，为什么只借 1 美元？就算您想借 30 万甚至 40 万美元的话，我们也会很乐意的。"

"请不必为我担心。我本来就想在银行寄存这些证券，但在我来贵行之前，已经问过了几家银行，发现所有银行保险柜的租金都很昂贵，所以我才想到用抵押担保的方式。它同样可以帮我保护好这些证券，可我每年付出的成本却只需 6 美分。"

出于安全考虑，贵重物品的寄存按照常理应该放在银行的保险箱里。对许多人来说，这是唯一且最好的选择，但代价是不菲的租金。

故事中的主人公没有困于常规思维，而是另辟蹊径，想到了通过抵押借款将自己的证券让银行保管的方法。从结果来看，这两个方法的效果几乎没有区别，而从花费来看，后者却付出得很少。

所以，我们在解决问题时，即便已经有了思路，也应当再尝试思考更多的方法，尤其是以前从未考虑的因素，从未想到的方法。然后在众多方法中，找到破题的最优解。一旦养成了这样的思考习惯，我们就有可能锻炼出优秀的思维能力，也就有可能在问题来临时，迅速地找到最好的解决方法。

三国时期，吴国国君孙权送给曹操一头大象，曹操十分高兴。大象运到那天，曹操带领文武百官和小儿子曹冲一同去看。

北方的人都没有见过大象。它又高又大，人走到近前，还够不到它的肚子。曹操对众人说：“这只大象确实很大，可是到底有多重呢？谁有办法称称它的重量？”

于是大臣们开始纷纷议论。

有人说：“只有造一杆很大的秤来称。”

有人说：“这不现实。再说，大象是活的，也没办法去称。我看只有把它杀了，切成块儿称。”

有人反驳说：“你这个办法不行。为了称重就把大象杀掉，这不可惜吗？”

就这样，大臣们想了许多办法，但没有一个行得通。

这时，曹冲对曹操说:“父亲，我有一个方法，可以称大象。”

曹操笑着说:“你小小年纪，有什么法子？那你说说，看有没有道理。”

曹冲对曹操耳语一阵后，曹操连连点头，旋即吩咐左右立刻准备称象，并对大臣们说:“走，咱们到河边看称象。”

众大臣跟随曹操父子来到河边。河面上停着一只大船，曹冲叫人把大象牵到船上，等船身稳定了，在船舷上齐水面的地方，刻了一条痕迹。接着，曹冲再叫人把大象牵到岸上来，又把大大小小的石头，一块一块地往船上装，船身就一点儿一点儿往下沉。等船身沉到刚才刻的那条道道和水面一样齐了，曹冲就叫人停止装石头。

大臣们起先睁大了眼睛，因为不知道是怎么回事，看到最后却不由得连声称赞:“好办法！”

因为大家都明白，现在只要把船里的石头都称一下，再把重量加起来，就知道大象有多重了。

一群成人解决不了的问题，小小曹冲却能够想到最简便的办法，可见走出困境与年龄也没有太大的关系。成年人有时反而会因为长久以来的思维惯性而局限了自己的思考。小孩子因为年龄小，思维天马行空，不受约束，于是更容易找到正确的方法。

所以，我们千万不要因为所谓的经验、习俗、惯例、通则而局限了自己的思维。想要依靠这些去突破困境，其实是一种思维上的懒惰。而这种懒惰往往不会带给我们成功，只会让我们渐渐麻木，最终在困境中越陷越深。

想要找到正确的方法，就要激活自己的大脑，去认真地分析，积极地思考，勇敢地尝试。而所有这些努力，最终会让我们在千头万绪中抓住那把真正的钥匙，然后打开大门，破局而出。

第四节　严格的执行

有了目标，有了决心，也有了方法，那么接下来要做的就是以坚定的决心，朝着目标去实施。这就是执行。

任何一个远大的目标，或是宏伟的计划，或是高超的方法，最终都必须落到行动上才能实现。没有严格的执行，一切都将是镜中月、水中花，成为空谈。换言之，绝大部分困境不会自己消失，我们只有让身心都行动起来，努力尝试，认真践行，才有可能走出困境。否则，我们就会永远被困境所困扰，直到被它彻底打败。

有一群老鼠在开会讨论怎样应对猫的袭击。

一只公认很聪明的老鼠提出一个建议：给猫的脖子上挂一个铃铛。这样，猫在行走的时候，铃铛就会响起来。而听到铃声后，老鼠就可以及时跑掉。

全体老鼠一致认为这是一个好主意。可是，另一只老鼠提出了一个问题：由谁去给猫挂铃铛呢？

结果，没有一只老鼠愿意去解决这个问题。事情最终不了了之，而猫依然在袭击老鼠。

给猫挂铃铛的方法不可谓不好。如果这个方法真的能够实现，那么就可以确实地解决老鼠们所面临的困境。但最终这个办法没有被采用，原因就是没有一个老鼠可以去执行。

所以，方法就像是一张房屋设计图，无论多么的精妙，如果没有人严格按照图纸去一砖一瓦地建造，那么这座房子永远都不会真的建成。同理，再好的办法，没有人去执行，不但不能解决问题，还会浪费时间和精力，同时破坏人的积极性。

曾经在古代四川的边远地区有一穷一富两个和尚。

有一天，穷和尚对富和尚说：“我想到佛教圣地南海去朝拜。你觉得行不行？”

富和尚问：“到南海来回好几千里地，你靠什么去呢？”

穷和尚说：“我只要有一个喝水的瓶子，一个吃饭的泥瓦盆就行了。”

富和尚听了哈哈大笑，说：“实话告诉你，几年以前我就下决心要租条船到南海去朝圣。但是，凭我的条件到现在还没能办到。你靠一只破瓶子和一个泥瓦盆就要到南海去？真是白日做梦。”

一年以后，富和尚还在为租赁船只筹钱，而穷和尚却已经从南海朝圣回来了。

两个和尚，同样的目的，同样的方向，不同的结果。甚至其中一个和尚比另一个和尚的客观条件要优越得多。原因何在？答案就是执行力的强弱。

一个优秀的执行者，可以克服客观条件的负面影响，去实现自己的目标。而一个执行力较差的人，就算客观条件再好，也一样无法实现既定目标。

我们说天时、地利、人和。有的人天生就占尽天时、地利，却最终一无所成，甚至一败涂地；有的人天时、地利尽失，却能获得成功。这是因为后者充分利用了人和。所谓人和，在很大程度上就是执行。

一个天资聪颖的人，仗着自己的天赋，看书学习三天打渔两天晒网，兴致来了就看看书，觉得累了就放到一边，既没有计划，也不去坚持；一个资质平庸的人，制订了详细的学习计划，并且数十年如一日、风雨无阻地去执行。那么这两个人，最终谁成功的可能性更大？

目标确定，方向确定，方法确定，起点的高低不是决定性的因素，能不能执行下去才是最重要的。

公元前532年，春秋末期的齐国田、鲍、国、高四大贵族之间矛盾激化，为了各自的利益互相打击，引发内乱。孙武虽为田氏后人，却不想身陷其中，于是逃出了齐国。

公元前517年，孙武经过长途跋涉来到吴国。当时，楚国伍子胥的父兄被楚平王杀害，他自己也被楚平王追杀，恰巧也逃到了吴国。孙武和伍子胥一见如故，结为朋友。

孙武来到吴国后，便在吴都（今江苏苏州）郊外的穹窿山隐居，同时研究兵书，在这里完成了他的传世之作——《孙子兵法》。

伍子胥来到吴国后，立志要兴兵攻楚，为父兄报仇。伍子胥知道吴国公子光有不臣之志，于是把刺客专诸推荐给他，刺杀了吴王僚。随后，公子光自己继承王位，就是吴王阖闾。阖闾继位后，立志要称雄天下，因此远离享乐，勤于政事，积极生产，积聚力量，同时礼贤下士，广泛搜罗人才，重用了伍子胥等一批贤臣，很快吴国变得繁荣起来。阖闾想将吴国的势力向长江中游扩展，灭楚称雄。这就需要吴国更加强盛，为此阖闾从没停止挖掘人才。

伍子胥知道孙武精通兵法，便向阖闾推荐了隐居在吴都郊外的孙武。孙武把自己经过潜心钻研写成的兵法十三篇献给吴王阖闾。吴王读罢大为赞赏，只是不知道这些理论能不能运用到实战当中。孙武为了证实自己兵法的可行性，便请求吴王用后宫的宫女练兵，以此来试验。吴王同意了，于是调拨了180个宫女给孙武，由他指挥。

孙武把这些宫女编成两队，让吴王最宠爱的两个妃子担任两队队长。演练的时候，宫女们个个身披铠甲，头戴头盔，手持剑和盾列队站着。操练前，孙武向她们讲明军队纪律，告诫她们要遵守军令，然后把基本的军事口令教给她们，并告诉她们如何随着鼓声前进后退，如何左右移动，如何转移方位。

准备就绪后，孙武便击鼓发令，开始练兵。可是这些宫女虽然嘴上答应按命令行事，但以前从没见过这种阵仗，非常好奇，听见击鼓却不按指令行事，只是嘻嘻哈哈地笑个不停，完全没有军队的样子。于是孙武再一次将发令规则和军中法纪跟宫女们说了一遍，并称如果再不根据指令行动，就按军法处置。

接着，孙武第二次击鼓发令，可宫女们还是不听军令，只顾嬉笑。孙武当即下令将担任队长的吴王的两个爱妃抓起来，按军法斩首。吴王见自己的爱妃要被杀，赶紧派人求情。但孙武严肃地说：“我是听从吴王的命令操练士兵的。将在军中，君命有所不受。”

在孙武的坚持下，这两名队长还是被斩首示众，然后将两队的排头提前，担任队长，继续练兵。队长被杀，宫女们这才意识到事情的严肃性，个个面露惧色，再也不敢懈怠。

吴王损失了两名爱妃，本想发作，但看到孙武重新操练时，这支由宫女们组成的队伍不管是前进后退，还是变化阵型全都按照指令执行，阵容非常整齐，俨然一支马上就可以上战场的队伍。吴王这才明白其中深意，同时也意识到孙武正是那个能帮自己成就霸业的将才。于是吴王封孙武为将军，授令他掌握军中大权。

之后，吴王分别采用了孙武“伐交”和“因粮于敌”的策略，先后两次在对楚的战争中取得了胜利。

一群深居后宫的弱女子，在孙武的指挥下短时间内具备了上阵作战的能力，这不得不说是一个奇迹。这个奇迹的产生，是源于孙武严格地做到了一件事：令行禁止。

无论是管理自己，还是管理一个团队，或者管理一家企业，执行力都是非常重要的一个环节。我们费尽心力地去拟订计划、制度、条例，无论看起来多完美，如果自上而下没有人去遵守，懒散违背的人得不到惩罚，认真执行的人得不到奖赏，那么我们就永远无法真的实现这些计划、制度、条例。因为做和不做一个样，做好做坏一个样，那么绝大多数人都会选择不做，而即便做错了，也没什么大不了。一个充斥着这种心态的个人或团队，是不可能走出困境，有所成就的。

两个都想创业的人同时决定攒钱，目标是每个月攒2000元。一个人严格遵守自己定下的规矩，无论发生什么情况都坚持每月固定存下2000元，而且只多不少。另一个人则找出各种理由拖延计划：今天请朋友吃饭，明天买了一样所谓的“必需品”，后天要放松心情奖励自己，到头来没有一个月存下钱，反而入不敷出。几年下来，真正攒钱的人已经开始创业打拼且初具规模，而拖延搪塞的人却负债累累，依旧一事无成。因为一个认真执行，一个敷衍了事。这就是执行的重要性。

2008年9月15日上午10点，拥有158年历史的美国第四大投资银行——雷曼兄弟银行向法院申请破产保护。消息瞬间通过电视、广播和网络传遍地球的各个角落。

令人匪夷所思的是，在信息如此明朗的情况下，当日上午10点10分，德国国家发展银行居然按照外汇掉期协议，通过计算机自动付款系统，向雷曼兄弟公司即将冻结的银行账户转入了3亿欧元。毫无疑问，这3亿欧元将有去无回。

转账风波曝光后，德国社会舆论哗然。各界普遍认为，这笔损失本不应该发生。因为此前一天，有关雷曼兄弟公司破产的消息已经满天飞。德国国家发展银行应该知道交易存在巨大的风险，并事先做好防范措施才对。德国销量最大的《图片报》在9月18日头版的标题中，指责德国国家发展银行是迄今“德国最愚蠢的银行”。

此事惊动了德国财政部。财政部长佩尔·施泰因布吕克发誓一定要查个水落石出，并严厉惩罚相关责任人。法律事务所的调查员先后询问了德国国家发展银行各个部门的数十名职员。几天后，调查员向国会和财政部递交了一份调查报告。调查报告并不复杂深奥，只是一一记载了被询问人员在那10分钟里忙了些什么。而问题的答案就在这里面。

首席执行官乌尔里奇·施罗德：我知道今天要按照协议预先的约定转账。至于是否撤销这笔巨额交易，应该让董事会开会讨论决定。

董事长保卢斯：我们还没有得到风险评估报告，无法及时作出正确的决策。

董事会秘书史里芬：我打电话给国际业务部催要风险评估报告，可那里总是占线。我想还是隔一会儿再打吧。

国际业务部经理克鲁克：星期五晚上我准备带上全家人去听音乐会，得提前打电话预订门票。

国际业务部副经理伊梅尔曼：忙于其他事情，没有时间去关心雷曼兄弟公司的消息。

负责处理与雷曼兄弟公司业务的高级经理希特霍芬：我让文员上网浏览新闻，一旦有雷曼兄弟公司的消息就立即报告，然后我就去休息室喝咖啡了。

文员施特鲁克：10点03分的时候，我在网上看到了雷曼兄弟公司向法院申请破产保护的新闻，马上就跑到希特霍芬的办公室，可是他不在。我就写了张便条放在办公桌上，他回来后就会看到的。

结算部经理德尔布吕克：今天是协议规定的交易日子，我没有接到停止交易的指令，那就按照原计划转账吧。

结算部自动付款系统操作员曼斯坦因：德尔布吕克让我执行转账操作，我什么也没问就做了。

信贷部经理莫德尔：我在走廊里碰到了施特鲁克，他告诉我雷曼兄弟公司的破产消息。但是我相信希特霍芬和其他职员的专业素养，一定不会犯低级错误，因此也没必要提醒他们。

公关部经理贝克：雷曼兄弟公司破产已发生，我想跟乌尔里奇·施罗德谈谈这件事。但上午要会见几个克罗地亚客人，等下午再找他也不迟，反正不差这几个小时。

德国财政部长施泰因布吕克在出席银行监管董事会会议后不由得感叹："我一辈子都没经历过这样的事。"

演绎一场悲剧，只需要短短几分钟就已足够。在这家银行，上到董事长，下到操作员，没有一个人是愚蠢的。可悲的是，在同一时间里，每个人都开了点小差，每个人都没有认真严格地去执行自己的工作职责，更不要说与其他人进行有效沟通，核实并确认自己的信息和行为，而结果就是酿成了这场巨大的悲剧。

很多困境的产生，就是因为我们在日常生活工作中产生了执行上的懈怠。或许这些懈怠看起来很微小，但它所产生的蝴蝶效应却足以摧毁我们长久以来辛苦创建的成果。

“少了一颗铁钉，丢了一只马掌。少了一只马掌，丢了一匹战马。少了一匹战马，败了一场战役。败了一场战役，失了一个国家。”这句谚语基于一段真实的历史。

为了抢夺王位，英格兰王室理查三世与兰加斯特家族的亨利伯爵相互厮杀了近30年。1485年的冬季，在波斯沃斯城郊的荒原上，双方最后的较量终于打响了。

两军对垒，理查三世主动出击，千军万马紧随其后，步步紧逼，而对方则连连后退。理查三世似乎已经看到了胜利女神灿烂的微笑。突然，战马一个趔趄，查理三世跌翻在地。而他手下的众官兵误以为统帅中箭阵亡，顿时军心大乱，慌作一团。此时，亨利伯爵见机不可失，趁势大举进攻，并在阵前斩杀理查三世，不但化险为夷，转败为胜，而且从此将英格兰置于都铎王朝的统治之下。

那么导致理查三世马失前蹄的原因是什么呢？原来，就在决战前夕，马夫在给查理三世的战马替换马掌打钉子的时候，发现少了一颗钉子，一时之间又寻觅不到，于是马夫想少一颗钉子也无妨，便草率地将就着过去了。可谁又能料到，就在发起总攻的关键时刻，正是这只少钉了一颗铁钉的马掌偏偏松掉了。马一失蹄，理查三世自然摔倒在地。

历史无情，就是这样一枚小小铁钉的缺失，导致一颗人头落地，而一顶王冠也易主。没人会想到，一个帝国的存亡竟由一颗小小的钉子决定。归根结底，还是输在了最初的那份执行力上。

唐中宗神龙二年（公元706年），太平公主赴雍州游玩，看中了当地寺院里的一盘水磨。太平公主未经寺院和尚同意，就吩咐随从强行将水磨运往京城，据为己有。

寺院和尚迫于太平公主的权势，不敢当面阻拦，事后却立即告到雍州司户李元纮那里。

在唐代，司户是比七品芝麻官还要小的小吏。但李元纮不畏权势，公正刚直，当即受理此案。经过认真核查，该水磨确系寺院合法财产，太平公主无权霸占。李元纮随即将水磨判归寺院。

这一判决吓坏了李元纮的顶头上司——雍州刺史窦怀贞。太平公主既是唐高宗与武则天的女儿，又是唐中宗的妹妹，开府置官，权倾朝野。窦怀贞献媚讨好犹恐不及，怎么敢让自己的属下去冒犯太平公主？他立刻命令李元纮将水磨改判给太平公主。

李元纮二话不说，当即挥笔在原判决书的空白之处写下“南山可移，此判无动”八个大字，坚决维持了原判。

后世人们逐渐将这八个字浓缩成了“执法如山”。

执法如山，法乃国之本。如果没有人去认真地执行法律，那么国家就会丧失公信力。换言之，只有做到执法如山，这个国家才会繁荣安定。

具体地看，我们说言出必行，这个“行”，就是执行力。一个人如果说到却做不到，大家就会丧失对他的信任；一个集体如果没有执行力，那么永远是一盘散沙，对内无法凝聚力量，对外无法输出承诺。而这样的人和集体，无论做什么事情，都不会有好的结果。

所以，无论是成就梦想，或是面对困境，我们都需要坚定不移地去认真执行自己的计划，将一切构思落实在行动上。唯有如此，我们才能一点一点地克服困难，最终实现梦想。

第五节　不懈的坚持和耐心的等待

很多时候，我们有着清晰的目标、明确的方向，下定了决心，也制订了正确的计划，并且严格地去执行了，可最后仍然没有成功。原因是什么呢？是缺乏坚持和等待。

在完成走出困境、破局而出这件事的过程中，我们仍然需要面对各种各样的质疑、挫折、阻挠。而所有这些负面的客观因素，会不断地消磨我们的斗志，侵蚀我们的思想，最终令我们前功尽弃。

而面对这些负面的客观因素，我们需要坚持和等待。王阳明提出“知行合一”。所谓“行”，就是行动，而行动就体现在坚持上。同时，任何事情都不是一蹴而就的，我们需要沉淀下来，耐心等待。

亨利·沃德·比彻还是小男孩时，有一天老师让他将新学的课文背诵一遍。

比彻刚背了个开头，老师就重重地对他说了一个“不”字。比彻停顿了几秒，然后犹犹豫豫地还是继续往下背。但他没想到，短短的一篇课文背诵，被老师一连几声“不”给打断了。比彻慌了神，背诵也无法再进行下去。他羞愧地回到了座位上。

接下来，老师又点名另一位同学背诵课文。奇怪的是，老师同样不时地用“不”打断他的背诵，但他依然坚持着背完了课文。当这位同学回到座位后，老师高兴地为他鼓起了掌，并表扬他：“你做得很好。“

比彻看在眼里，愤怒地向老师抗议：“我刚才背诵的和他一样好，我并没有出错。”

老师微笑地注视着他，问道：“那你为什么不坚持下去？”

接着老师回到讲台上，大声对所有同学说：“当世界在向你说‘不’的时候，你要做的是相信自己，对自己坚定地说‘是’，并用行动证明给世界看。”

老师的这番话深深地打动了比彻。凭着努力和坚持，他成为了一名备受尊敬的牧师，同时还成为了19世纪最具影响力的宗教人物之一。

“为什么不坚持下去？”这是我们应该时常反问自己的一句话。因为这个世界每天都在用各种各样的声音来试图否定我们。

“不，你办不到。”

“不，你错了。”

“不，你太老了。”

“不，你太年轻了。”

“不，你的学历背景不符合我们的要求。”

“不，你不是我们的最佳人选。”

“不，我们需要的是专业性更强的人。”

“不，你的身体条件太差了。”

“不，你不该从事这一行。”

这些否定的声音会破坏很多人的计划，浇灭很多人的热情，吞噬掉很多人的信心和梦想，然后我们放弃了，妥协了，导致最终一事无成，只留下懊悔。所以当这个世界对我们说“不”的时候，我们应该相信自己，并用自己的行动来证明给世界看。

东汉名将乐羊子有一位贤妻。有一次，乐羊子在路上行走时，捡到了一块别人丢失的金子，便拿回家把金子给了妻子。妻子说:“我听说有志气的人不喝‘盗泉’的水;廉洁方正的人不接受‘嗟来之食’。何况是捡拾别人遗失的东西,这种谋求私利的行为只会玷污自己的品德。”

乐羊子听后十分惭愧,就把金子丢弃到野外,然后远行拜师求学去了。

一年后乐羊子回到家中,妻子跪坐着问他回来的缘故。

乐羊子回答说:“出行在外久了,心中思念家人,没什么别的特殊事情。”

妻子听后,就拿起刀快步走到织机前,说道:“这些丝织品都是从蚕茧中生出,又在织机上织成。一根丝一根丝地积累起来,才达到一寸长;一寸一寸地积累,才能成丈成匹。现在如果割断这些正在织着的丝织品,那就是放弃成功。你积累学问,就应当每天都学到自己不懂的东西,以此成就自己的美德。可现在你中途就回来了,那同切断这丝织品又有什么不同呢?”

乐羊子被妻子的话所打动,重新回去完成了自己的学业,前后七年都再也没有回过家。

乐羊子的成功,与他有一位好妻子密不可分。而他的妻子则身体力行地教会了他坚持。

人在长期做一件事的时候，总会产生倦怠感。原本新鲜刺激的事物慢慢变得枯燥乏味，成为一种折磨。于是我们开始麻木，甚至抵触。这都是很正常的现象。成功的人，通过各种方法克服了这种心态，坚持了下去。其他的人，则任由这种心态滋长蔓延，最后选择了放弃。

每到这个时候，我们不妨抬起头，想想自己当初定下的目标；再回过头，看看自己一路走来所付出的努力与艰辛。然后再思考一下，自己现在放弃所带来的结果。

走出困境永远都是一个艰苦的坚持的过程，不会一步到位，也没有捷径可寻。而不懈的坚持和耐心的等待，会将我们一步步带出沼泽泥潭，走向坦途。

凡尔纳是一位世界闻名的科幻小说作家。可很少有人知道，凡尔纳为了发表他的第一部作品，曾经遭受过多大的挫折。

1863 年冬天的一个上午，凡尔纳刚吃过早饭，正准备到邮局去，突然听到一阵敲门声。他开门一看，原来是一个邮递员。

邮递员把一包鼓鼓囊囊的邮件递到了凡尔纳的手里。一看到这样的邮件，凡尔纳就预感到不妙。自从他几个月前把他的第一部科幻小说《乘气球五周记》寄到各出版社后，收到这样的邮件已经是第14次了。

他怀着忐忑不安的心情拆开邮件，里面的信上写道："凡尔纳先生：书稿经我们审读后，不拟出版，特此奉还。"

每次看到这样的退稿信，凡尔纳心里都是一阵绞痛。这次是第15次了，还是未被采用。凡尔纳此时明白，那些高高在上的出版社是如何看不起无名作者。他愤怒地发誓，从此再也不写了。他拿起手稿向壁炉走去，准备把这些稿子付之一炬。这时他的妻子赶过来，一把抢过书稿紧紧抱在怀里。但此时的凡尔纳余怒未息，说什么也要把稿子烧掉。

他的妻子满怀关切地安慰丈夫："亲爱的，不要灰心，再试一次吧，也许这次能交上好运的。"

听了妻子的话，凡尔纳慢慢放下了夺书稿的手。他沉默了好一会儿，然后接受了妻子的劝告，又抱起这一大包书稿到第16家出版社去碰运气。

这次他的希望没有落空。这家出版社读完书稿后，立即决定出版此书，并与凡尔纳签订了20年的出书合同。

如果没有妻子的开导，没有"再努力一次"的坚持，

我们也许就根本无法读到凡尔纳笔下那些精彩的科幻故事，而人类也就会失去一份极其珍贵的精神财富。

“行百里者半九十。”走出困境，往往就在于那最后的十里，就在于再坚持那么一下。

与乐羊子一样，凡尔纳也有一位善良智慧的好妻子。在她的协助下，凡尔纳走完了自己生命中最重要的十里，坚持了那么一下，最终获得了成功。

无论是求学、求职还是创业，我们都不可能次次成功，永远顺利。相反，失败受挫的时候居多。原因可以归结为客观环境，也或许有我们自身的因素。为此我们的自尊心会受挫，产生自我怀疑，然后自我否定。

而那些走出困境的人，往往会反复告诉自己一句话：“没关系，再试一次。”这些一次次的“再试一次”，就会帮助我们走出困境，破局而出。

桑德斯上校在退休后拥有的所有财产只是一家建在高速公路旁的小饭店。饭店虽小，但颇具特色。其中最受欢迎的一道菜就是他发明的香酥可口的炸鸡。仅凭这道菜就给他带来了可观的财富。多年来，他的客人们一直对他烹制的炸鸡赞赏有加。

可令他万万没想到的是，由于高速公路改道，小饭店的生意突然间一落千丈，最后他只好关门歇业。

万般无奈下，桑德斯上校决定向其他饭店出售他制作炸鸡的配方，以换取微薄的回报。然而在他推销的过程中，却没有一家饭店愿意购买他的配方，并且还不时地嘲笑他。

面对这些嘲笑，桑德斯上校却始终没有放弃。在没有找到买主之前，他驾车走遍了全国，吃住都在车上。就在被拒绝了1000多次后，终于有人同意采纳他的想法，购买了他的配方。此后他的连锁店遍布全世界，他的故事也被载入了商业史册。

这就是肯德基的由来。

而人们为了纪念这位桑德斯上校，在所有的肯德基店前都树立了一尊他的塑像，以此作为肯德基的品牌形象。

故事里的桑德斯上校面临着两个困境，一是他的饭店无法继续经营下去，他的方法是关店歇业，继而寻找合作方，出售自己的配方；二是由第一个困境延伸出来的新困境，没有人愿意买他的配方，而他的方法是继续尝试。

最后，他成功地走出了第二个困境，从而解决了第一个困境。期间，他所经历的就是1000多次的失败和1000

多次的继续坚持。

肯德基的成功有目共睹，而其背后的原因，就有桑德斯上校这份最初的坚持。我们是否有勇气像他一样坚持1000多次？如果没有，那么就不要轻易地将失败归结于其他因素，而要先去反思自己：我是否已经做到极限了？我是否真的尽力了？我是否还可以更努力，做得更好？然后，让自己重新振作起来，勇敢地坚持下去。

1548年，在意大利那不勒斯附近的一个小城镇的没落贵族家庭里，伟大的思想家和科学家布鲁诺诞生了。

布鲁诺10岁的时候，贫穷的父亲不得不把他送到了多米尼克僧团的修道院。第二年布鲁诺转为正式僧侣。10年后，他获得了神学博士学位。

在此期间，布鲁诺阅读了很多所谓的“禁书”。其中对他影响最大的就是哥白尼的学说。作为神学博士和僧侣的布鲁诺为哥白尼的《天体运行论》所感动，也被他的“日心说”所吸引，开始对自然科学产生了浓厚的兴趣，并且逐渐对宗教神学产生了怀疑。他还写了一些论文，严厉批判了《圣经》中荒谬的地方。

布鲁诺的言行触怒了教廷。有人向罗马教廷控告布鲁诺是异端。由于受到教廷极端守旧派的迫害，布鲁诺不得不离开自己的家乡，逃亡到国外。他离开家乡后就被教廷革除了教籍，彻底成为无家可归的人。他去过罗马，后又转到威尼斯，接着越过阿尔卑斯山，到达瑞士。此后他又到过法国、德国和英国。一路上他颠沛流离，居无定所。但布鲁诺依然坚持自己的观点，一路上写下了十几部批判教会的书，继续向人们宣传自然科学和新的宇宙观。也正是在这段长期流亡的岁月中，他逐渐形成了自己关于宇宙的理论体系。

“星星不是嵌镶在天空上的金色小灯，而是跟我们的太阳一样大、一样亮的太阳。只不过因为它们离地球非常远，因而看上去就仿佛是小点了。”

“无数的世界在无穷无尽的宇宙的广阔怀抱中产生、发展、灭亡，又重新产生。宇宙中有无数绕着自己的太阳运转的地球，就像那些绕着我们的太阳运转的行星一样。”

布鲁诺的理论远远超出了自己所处的时代。他甚至大胆地提出：在别的行星上，也有生物存在，甚至还有像人一样的智慧动物。

而他的这些举动和言论进一步引起了罗马教廷的不满和恐慌。几年后，罗马教廷利用阴谋将他诱骗回国，而他一回到意大利就遭到了教廷的逮捕。

1600年春天的罗马，在宗教裁判所阴暗的牢房里，几个穿着黑色长袍的教士围在一条板凳四周。板凳上捆着一个头发又长又脏、胡子像野草、衣服残破成碎片的人。在他脚下，有一锅热腾腾的油，其中一个穿黑长袍的人把油一勺勺地泼到他的脚上，每泼一下，板凳上的人就抽搐一下。而这个正在遭受酷刑的人就是布鲁诺。

终于，布鲁诺昏迷了过去。到了晚上他才醒过来，脚上像有几千把刀在剜割着。

“不，我不反悔。”他轻轻地、坚定地向同狱的人说道：“哪怕像塞尔维特一样被他们烧死，我依然坚信胜利是可以得到的，而且要勇敢地为它奋斗。”

教会向布鲁诺许诺：只要公开宣布放弃日心说，就免他一死，并且给他足够的生活费安度晚年。

布鲁诺拒绝了。此后，布鲁诺度过了长达八年的监禁生活，其间受尽折磨。但是这一切依然未能改变他那坚持真理的信念。最后，罗马教廷恼羞成怒，对布鲁诺判处火刑。

行刑那天，通往鲜花广场行刑台的街道两旁站满了群众。布鲁诺被绑在广场中央的火刑柱上。在高高的十字架上，从被火焰和浓烟包围着的布鲁诺口中，吐出的却是这样的话："火并不能把我征服，未来的世界会了解我，知道我的价值的。"在生命的最后时刻，他向围观的人们庄严宣布："黑暗即将过去，黎明即将来临，真理终将战胜邪恶。"

刽子手用木头堵上了布鲁诺的嘴，鲜花广场燃起了熊熊的烈火。

布鲁诺死后，罗马教廷害怕人们抢走这位伟大科学家的骨灰来纪念他，就匆匆忙忙地把他的骨灰连同泥土一起收集起来，抛洒到了河里。

随着科学的发展，思想的进步，布鲁诺天才的思想终于被一一证实。而为了纪念这位坚持真理的思想家，人们在布鲁诺殉难的鲜花广场上为他树立了一尊铜像，借此永远缅怀他。

布鲁诺失败了吗？似乎是的。他为了自己的理想和信念受尽折磨，甚至付出了生命的代价。

布鲁诺成功了吗？或许我们对此存疑。但至少我们知道他的理论学说是正确的，他到死都在坚持。而且，在他死后，他的故事被大家传颂，他的名字被载入史册。

当一个人对正义和真理的坚持以生命为代价时，仅凭成功和失败已经无法去衡量他的价值。这种人，我们称之为英雄。

布鲁诺为了真理不惜以一己之力与整个腐朽却强大的教廷相抗衡。他所面临的早已不是困境，而是绝境。他却坦然以对，慷慨赴死。而肉体的死亡也没有终结他的坚持，时间带着他的那份坚持一步步走向了最终的胜利。

与布鲁诺的燃烧生命相比，我们在人生道路上经历的挫折和坎坷或许会小很多。但我们仍然被这些拦路虎所吓倒，继而放弃了坚持。这其中很大的原因，就在于我们过于爱惜自己。

殊不知这些所谓的“爱惜”，其实是一种放纵和娇气。“宝剑锋从磨砺出，梅花香自苦寒来。”没有经历苦难以及在苦难中的坚持不懈，没有在漫长煎熬中的沉淀蛰伏、耐心等待，我们就永远无法走出困境，也永远不会获得成功。

第五章

破局三：战略和战术

兵有奇正，
旋相为用，
如环之无端。

面对困境，除了调整自身的状态，作出改变，厘清目标和方向等，我们还需要在战略和战术层面有所准备。换言之，战略考验的是一个人思维的高度、广度、深度；而战术则是在衡量一个人的实际操作能力。

出色的战略思想，配以优秀的战术，加上自身主观因素的积极到位，我们就具备了破局而出的能力。而每一次困境，对我们而言，就变成了通往成功的一次次终将被战胜的挑战。

第一节　高屋建瓴

所谓“高屋建瓴”，表意是指从很高的屋顶上将水瓶中的水倾倒下来，引申为对人和事要把握全面，了解透彻，居高临下，这样才能彻底有效地解决问题。

我国伟大的文学家、思想家苏轼有一首脍炙人口的诗《题西林壁》:“横看成岭侧成峰，远近高低各不同。不识庐山真面目，只缘身在此山中。”

苏轼通过这首诗，向我们传达了一个朴素却深刻的道理：有时我们之所以深陷困境，是因为拘泥于一隅，只能片面地看待问题，而没有去尝试暂时跳出困境，从一个宏观的高度来看待问题。

看问题不得全貌，那么就抓不住问题的本质，找不到困境产生的根源，随之制定的目标就会有失偏颇，方法也不会正确，阻碍更大，导致许久没有效果，转而影响我们的心态和执行力，最终无法坚持下去。

所以清末民初的经史学家陈澹然在其文集《寤言二·迁都建藩议》中曾说过这样一句话："自古不谋万世者，不足谋一时；不谋全局者，不足谋一域。"

有一只青蛙，长年住在一口枯井里。它对自己生活的天地非常满意，一有机会就吹嘘一番。

有一天，它蹲在井栏上正闲得无聊，忽然看见不远处有一只大海龟在散步。青蛙赶紧扯开嗓门喊了起来："海龟兄，快请过来。"

海龟爬到枯井旁边。青蛙立刻打开了话匣子："今天算你运气好。我让你开开眼界，参观一下我的居室。那简直是一座天堂。你大概从来也没有见过这样宽敞的住所吧。"

海龟听完探头往井里瞅瞅，只见浅浅的井底积了一摊长满绿苔的泥水，还闻到一股扑鼻的臭味。海龟皱了皱眉头，赶紧缩回了脑袋。

青蛙根本没有注意海龟的表情，继续吹嘘："住在这儿，我太舒服了。傍晚可以跳到井栏上乘凉；深夜可以钻到井壁的窟窿里睡觉；泡在水里，让水浸着两腋，托住面颊，可以游泳；跳到泥里，让泥盖没脚背，埋住四足，可以打滚。那些小虫子、螃蟹、蝌蚪什么的，哪一个能比得上我呢？"

青蛙越说越得意:“瞧，这一坑水，这一口井，都只属于我，我爱怎么样就怎么样。这样的乐趣可以算是到顶了吧？海龟兄，你不想进去观光观光吗？”

海龟感到盛情难却，便爬向井口，可是左腿还没能全部伸进去，右腿就被井栏卡住了。海龟只能退了回来，对青蛙说:“大海水天茫茫，无边无际。用千里不能形容它的辽阔，用万丈不能形容它的深度。传说四千多年以前，大禹做国君的时候，十年九涝，海水却没有加深；三千多年以前，商汤统治的年代，八年七旱，海水也不见减少。海是这样大，以至时间的长短、旱涝的变化都不能使它的水量发生明显的变化。青蛙老弟，我就生活在大海中，比起你这一眼枯井、一坑浅水，哪个天地更开阔，哪个乐趣更大呢？”

青蛙听了，鼓着眼睛，再也说不出话来。

故事里的青蛙，其实就是见识短浅的人们，只不过很多时候，我们身在其中而不自知。见识浅薄并没有那么可怕，最可怕的恰恰就是没有意识到自己见识浅薄。因为这会让我们连作出改变，尝试拓宽眼界的想法都难以产生。没有想法，就不会有随之而来的制定目标、方向、计划、方法，进而执行这一系列的行动，于是我们就只能据泥于现状越陷越深。

所以，我们要像故事中的海龟一样，不拘泥于自己的小小天地，而是不断地学习提高，积极地探索世界，拓展视野，并接纳新鲜事物，从更广阔高远的角度来看待自己人生中所遇到的问题。

简单来说就是：古今中外，皆为我所用。

东汉末年，诸葛亮隐居在隆中。适逢刘备驻扎在新野，名士徐庶拜见刘备后，刘备很器重他。徐庶又向刘备进言：“有名士诸葛亮，是在人间卧伏着的龙，将军可愿意见他？”

刘备说：“那您带他一起来吧。”

徐庶说：“将军你应该屈尊亲自去拜访他，不可以委屈他，召他上门来。”

于是刘备就前往隆中拜访诸葛亮，先后去了三次才见到诸葛亮。会面时，刘备叫旁边的人退下后，对诸葛亮说：“如今汉室的统治崩溃，奸邪的臣子盗用政令，皇上蒙受风尘遭难出奔。我知道自己的德行还不能服众，自己的力量也还不能胜任，却想要为天下人伸张大义。可是我的才智与谋略短浅，屡遭失败，以致沦落到今天这个地步。

然而我的志向到现在都没有被磨灭。您对此有什么好的建议呢？”

诸葛亮回答道：“自董卓独掌大权以来，各地豪杰纷纷起兵，占据州、郡的人数不胜数。曹操与袁绍相比，势单力薄，声望也有所不及，然而却能以弱胜强，打败袁绍。他不仅依靠了天时，其中更有人为的因素。现在曹操已拥有百万大军，挟持皇帝来号令诸侯，与他正面相争是不智的。孙权占据江东，已经经营三代了。江东地势险要，民众归附，孙权又任用了贤才，所以对他只能联合，暂时不可谋取。荆州北靠汉水、沔水，一直到南海的物资都能运到，东面与吴郡、会稽郡相连，西边和巴郡、蜀郡相通。这是一块大家都要争夺的地方。可它目前的主人却没有能力守住它，这大概是上天用来资助将军的。将军你是否有占领它的意愿呢？益州地势险要，自然条件优越，有广阔肥沃的土地，高祖凭借它建立了帝业，而目前他的主人刘璋却昏庸懦弱。张鲁在北面占据汉中，那里的人民殷实富裕，物产丰富，可张鲁却不知道爱惜。有才能的人都渴望得到贤明的君主。将军既是皇室的后代，而且闻名天下，思慕贤才，如果您能占据荆、益两州，守住险要的地方，与西边的各个民族和好，又安抚南边的少数民族，对外联合孙权，对内革新政治。一旦天下形势发生了变化，就派一员上将率领荆州的军队直指中原一带，将军您则亲自率领益州的军队从秦川出击。老百姓谁敢不用竹篮盛着饭食，用壶装着酒来欢迎将军您呢？如果真能做到这样，那么称霸的事业就可以成功，汉室天下就可以复兴了。”

刘备听罢大赞，旋即邀请诸葛亮出山，并在诸葛亮的辅佐下，逐渐实现了三分天下的伟业。

一场“隆中对”，改变了一个朝代和无数人的命运。刘备有目标，愿改变，肯坚持，能执行，也懂一些方式和方法，但前半生却奔波劳碌，屡战屡败，到头来有志难舒。为什么？因为没有真正的战略布局。而诸葛亮的一席话却给了他拨云见日的畅快感。

“隆中对”可谓是中国历史，乃至世界历史上最精彩的阳谋之一。它的精彩之处就在于诸葛亮首先站在制高点上将当时天下的情势进行了客观公正的剖析，即得窥全貌。然后他又通过剖析，精准地推导出了属于刘备破局而出的机会。我们常说“一语惊醒梦中人”，诸葛亮的“隆中对”就达到了这个效果。

要想像诸葛亮一样做到看透问题的本质并解决问题，

我们就必须具备两种能力：第一，要能够客观公正地看清自己所处的客观环境以及自己的主观状态，即知己知彼；第二，要能够从中找到突破口。这并不是朝夕就可以实现的，而是需要我们在实践中不断学习锻炼，慢慢掌握。但具备全局观，具备战略思维，这是我们必须首先要掌握的。

伊士曼柯达公司，简称柯达公司，作为影像产品及相关服务的生产和供应商，其总部位于美国纽约州罗切斯特市，是一家在纽约证券交易所挂牌的上市公司。柯达公司业务遍布全球150多个国家和地区，巅峰时期全球员工达14.5万人。

柯达公司在影像拍摄、分享、输出和显示领域一直处于世界领先地位，一百多年来帮助了无数的人留住美好回忆、交流重要信息，以及享受幸福时光。

然而在北京时间2012年1月19日下午，柯达公司正式宣布：柯达及其美国子公司已经提交了破产保护申请。从此，柯达令人惊叹的数据只能成为昔日辉煌。

那么是什么导致了这家商业巨头走向破产呢？

在1998年之前，柯达公司虽然也有些小磕小碰，但总的来看，其发展历程还是顺风顺水，一路高歌的。然而自

1998年之后，面对数字成像技术对传统成像技术的冲击，柯达公司却未能及时改变战略实现转型，这是它最主要的败因。

虽然柯达公司自1998年就开始深感传统胶卷业务萎缩之痛，但柯达的决策者们却由于担心胶卷销量受到影响，一直不敢大力发展数字业务。

2000年之后，全球数码市场连续高速增长，市场规模翻了近2倍。而全球彩色胶卷的需求却开始以每年10%的速度急速下滑。到2002年，柯达公司的数字化率仍只有25%左右，而它的竞争对手富士公司已经达到了60%。

直到2004年，柯达公司才推出6款姗姗来迟的数码相机，但利润率仅1%。反观其82亿美元的传统业务的收入则萎缩了17%。

2006年，柯达公司把其全部数码相机制造业务出售给了新加坡伟创力公司。

2007年，柯达公司又将原四大业务之一的医疗成像部门，以25.5亿美元的价格出售给了一家加拿大资产收购公司。同年，其持有的乐凯股份也以3700万美元的低价转让给广州诚信创业投资有限公司。从此，柯达公司开始逐渐变卖其所掌握的专利技术，但它的经营状况却再也没有好转起来。

从市值最高时达到310亿美元，在胶卷时代占据全球2/3的市场份额，到卖掉130年来积攒的1万多项专利，都没能挽救自己于水火之中，只能申请破产。柯达公司最大的失误，就是在面对困境时没有作出正确的战略判断。

棋错一着，满盘皆输。过去的辉煌只能代表过去，无谓地沉浸其中，甚至过分依赖，非但对现在和未来没有帮助，反而会成为前进的负累。就像柯达公司，明明已经看到行业内新拐点的到来，也有机会去应对，却依然抱着过去不愿撒手，从而制定了错误的战略部署，并导致了最终的失败。

这同时也印证了我们之前说到的改变的重要性。抱残守缺，无论是个人、团队，还是企业，最终都会被时代的洪流所吞没。

范雎是战国时期的魏国人。他本打算在魏国成就一番事业，却因遭小人妒忌，屡屡陷入险境，甚至差点丢了性命。而这时的秦国正是秦昭襄王在位。昭襄王一心想要成就霸业，可苦于朝政被母亲宣太后和舅舅穰侯牢牢把持着，有力难施。

范雎几经辗转来到秦国。昭襄王求贤若渴，知道后用车把范雎接进秦宫。

在昭襄王再三请求下，范雎才开口说道：“秦国人只知道王宫里有太后和穰侯，不知道有秦王。”这句话一下说中了昭襄王的心事。

在提出了解决王权旁落问题的办法，获得昭襄王的信任和重视后，范雎又把自己准备好的针对六国的谋略对昭襄王说了出来：“秦国北面有甘泉和谷口，南面有泾水和渭水，西南是陇山和蜀地，东面又有崤山和函谷关。秦国占据这么好的地形，而秦王您又有这么多战车和士兵，对付六国本应轻而易举，可现在秦国却不能东进一步，这是为什么呢？”

“您跨过韩国和魏国的国土去攻打强大的齐国，这是不对的，发得兵少了，伤不了齐国；出得兵多了，秦国内部的防御就弱了。您想自己少出兵，而让韩国和魏国多出兵，但他们不肯。您明知道这两个国家不足为信，还想穿过他们的国土去打仗。这样是不是太过冒险了？以前齐国攻打楚国的时候，明明打赢了，却连一寸的土地都没拿到。是他们不想吗？不是。是他们的疆界扩展不到那里。其他国家一看齐国士兵疲累，内部君臣失和，就一起来攻打它，导致齐国惨败，土地落到别人手里。为什么会这样？就是因为齐国讨伐远离自己的楚国，讨伐成果却落到了临近楚国的韩国和魏国手里。这不是借给强盗刀枪，给小偷送粮食吗？”

“所以，您应该同距离远的国家建交，而去攻打距离近的国家。这样得到的寸土寸地都是自己的。从前的中山国那么大，赵国把它独吞了，也没人能把赵国怎么样。现在的韩国和魏国在诸侯国的正中间，正是枢纽的位置。如果您想成就一番霸业，一定要先把枢纽打通，这样楚国和赵国才会感到威胁。这两个国家不管哪个强哪个弱，弱的那个总会来归附秦国。这两个国家收服了，齐国就会慌乱，也来归附。三个最强大的国家都归附了，那么剩下的几国不就好说了吗？”

秦王听后大喜。于是按照范雎的想法，让秦国先同最远处的齐国和楚国结盟，内外夹击，孤立中间的韩国和魏国，使它们不得不归附。然后北进南推，攻破南北两翼的赵国、燕国和楚国。再整合三国的力量，回头消灭韩国和魏国，最后以压倒性的优势消灭了齐国。

“得寸，则王之寸；得尺，亦王之尺也。”既不至于使自己的战果落入他人之手，又巩固了自己的力量，这就是“远交近攻”战略思想的由来。

范睢提出的这个思想，成了秦国吞并其他诸侯国的基本战略。秦国正是在“远交近攻战”略的指引下，随后南征北战四十多年，终于结束战国时代，建立起中国历史上第一个大一统的封建王朝。

与诸葛亮的“隆中对”相似，范睢针对秦国所面临的困境，向秦昭襄王进行了抽丝剥茧般的分析，并在最后提出了“远交近攻”的战略思想来破局。这就好比考试答题，范睢看懂了题干，明白了问题本质，然后运用自己的智慧给出了最优解。

我们在生活中也一样，面对困境，先要通观全局，看清本质，弄清楚症结所在，然后针对问题，思考出最适合、最有效的解决方法。

第二节　提纲挈领

所谓“提纲挈领”，表意是指提起渔网的总绳，拎起衣服的领子，引申为善于抓住问题的关键和要害。

面对问题和困难，我们经常会有这样的体会：辛苦忙碌半天，人力、物力、财力、时间都耗去，但问题依旧没有得到解决。这是为什么呢？很多时候，是因为我们治标不治本，没有抓住问题的核心，而只是简单的“头痛医头，脚痛医脚”。

所以，解决问题也好，走出困境也罢，都需要我们做到透过现象看本质，抓住问题的核心，然后有的放矢。

有一天，动物园的管理员们发现袋鼠从笼子里跑出来了。于是大家开会讨论，一致认为是笼子的高度过低，从而导致袋鼠从笼子里跳了出来。所以他们决定将笼子的高度由原来的 10 米加高到 20 米。

谁知第二天，他们发现袋鼠依旧能够跑到外面来，于是他们又决定再将笼子高度加到30米。

然而，没料到第三天人们居然又看到袋鼠全跑到了外面。这下管理员们大为紧张，决定一不做二不休，索性将笼子的高度加到100米。

到了第四天，袋鼠还是从笼子里跑了出来。而且，还与它们的好朋友长颈鹿聊起了天。

“你们觉得这些人会不会再继续加高你们的笼子呢？”长颈鹿问袋鼠。

“应该会的。”袋鼠答道，“如果他们再继续忘记关门的话。”

这个寓言故事生动巧妙地向我们传达了一个道理：找不到问题的关键点，再怎么努力补救，都无法从根本上解决问题。

“扬汤止沸，不如釜底抽薪。”很多时候，我们所面临的困难，其实是一种现象。而我们往往仅凭自己的条件反射就第一时间想去终止这种现象，从而期望借此化解困难，却忘记了去认真考察导致这种现象产生的原因，忘记了要从根源上来解决问题。

所以，遇到问题或者陷入困境后，在采取行动之前先要观察和分析。观察什么？观察问题和困境的特征。分析什么？分析问题和困境产生的真正原因。然后，以此为基础，再去制订方法并付诸行动。

有一家生产牙膏的公司，产品优良、包装精美，深受顾客的喜爱。公司的营业额连续10年递增，每年的增长率为10%～20%。

可到了第11年，公司业绩逐渐停滞下来。之后两年也是如此。于是公司总裁召开会议，商讨对策。会议中，公司总裁许诺说："谁能想出解决问题的办法，让公司的业绩增长，就奖励10万元。"

大家纷纷发言，提出了各种各样的方法，甚至开始为了谁的方法更好争执起来。

这时，有位年轻经理站起来，递给总裁一张纸条。总裁看完后，马上签了一张10万元的支票奖励这位年轻经理。

那张纸条上写着：将现在的牙膏开口扩大1毫米。

消费者每次在刷牙时会依照自己长久以来养成的习惯挤出同样长度的牙膏。但牙膏的开口扩大了1毫米，那么每个消费者每次就会多用1毫米宽的牙膏。由此类推，每天牙膏的整体消费量又将多出多少呢？

在这家牙膏公司更改包装后的第二年，营业额果然大幅增长。

换作是我们，又会如何让公司走出困境呢？扩大宣传？提高价格？降低成本？开拓市场？

都不能说是错，但也都不是最优解。

故事里年轻经理提出的方法，让公司以最小的代价，获得了极高的收益。这个方法之所以好，是因为它抓住了问题的核心：公司已经培养了一大批忠实的消费者，而这些消费者的品牌认可及使用习惯一旦养成，就很难改变。这种认可和难以改变的习惯，就是公司最大的优势，也是破题的关键所在。在不破坏这种认可和习惯的前提下，充分利用它们，在其他方面顺势做出调整，哪怕是细微的调整，就会取得意想不到的效果。

抓住问题核心，方向就不会错，以此为基础，就能四两拨千斤，将问题顺利解决。

第二次世界大战期间，英美军方根据作战后幸存飞机机体上弹痕的分布情况，决定哪里弹痕多在改进飞机时就加强哪里。然而统计学家沃德力排众议，指出更应该注意弹痕少的部位。

在常人看来，这是一个令人匪夷所思的观点。但沃德给出了自己的理由：如果弹痕多的地方就是飞机的要害，需要加强改进，那么为什么要害被多次命中飞机却还能幸存？这就说明，弹痕多的部位即使被损坏，对飞机也不会有致命的影响。而那些弹痕少的部位却可能恰恰就是飞机的要害所在，因为没有命中这些要害，所以飞机才得以幸存。

沃德正是看出了这一点，才会提出这种常人觉得非常荒谬的建议，而事实也证明了沃德的意见确实是正确的。军方根据他的建议对飞机进行了改进，其防御性和存活率都得到了明显的提升。

透过现象看本质，这是一种非常珍贵的能力，也是我们在破局时需要锻炼并具备的。人的行为有惯性，是因为思维有惯性。这种惯性有时会帮助我们，有时则会成为我们思维的阻碍，让我们迷失于现象中。

那么如何破解呢？刨根问底。再简单明了一些就是：多问为什么。即便认为自己已经知道了答案，也要再多问一次为什么。

为什么刚才摔倒了？因为地面上有个坑，踩空了。为什么会踩空？因为没有看到。为什么会没有看到？因为刚才走路的时候在接打电话，就没有留心看路。那么以后在行走的时候，要么尽量不要接打电话，要么接打电话时就停下脚步。

为什么这次考试没考好？因为最后一道问答题没有做对。为什么没有做对？因为里面的知识点没有掌握。为什么没有掌握？因为老师讲到这里的时候自己走神了，之后也没有再去关注。为什么会走神，为什么没去关注？因为最近懈怠了。为什么会懈怠？因为迷恋上了一款游戏。那么接下来戒掉游戏，调整状态，认真听课，不错过任何一个知识点。

很多时候，问题本质的显露，就在于我们多问几句为什么。

春秋时代，秦穆公有一次问伯乐："你是天下第一等的相马名家。你的弟子中有没有可以继承衣钵的呢？"

伯乐答道："我的子弟都很平庸，只能从马的外形筋骨辨别一般的马。不过，我知道有一个名叫九方皋的人，他有鉴赏马的特殊才能，超过我很多。他的个性淡泊，常常替人做工或是自己砍柴为生，但是他特别喜欢相马。如蒙应允，我很乐意为您引荐这个人。”

秦穆公听了非常高兴，马上请伯乐把九方皋带来。秦穆公接见九方皋后，就命令他去寻找良马。

数月后，九方皋觐见秦穆公。秦穆公问他：“先生寻到了什么颜色的好马？”

九方皋迟疑了一下才说：“是一匹黄色的雌马。”

于是秦穆公就前往马厩去观看，却发现是匹黑色的雄马。秦穆公非常失望，马上找来伯乐责怪道：“你推荐的九方皋根本就没有相马识马的能力。他雄雌不分，连马的颜色都辨别不出来。”

伯乐听了解释道：“其实您错怪九方皋了。这正是他识马的才能所在。他看到的是一匹马内在的美好，而不是外在的形态。他的相马方法是超越马的躯壳，直接认识本质的高妙境界。”

果不其然，九方皋带回来的马在经过审试后，证实是一匹超越群马的天下良马。

上面那个故事又一个透过现象看本质的例子。在伯乐看来，他的弟子只懂得通过外形筋骨来相马，而这只能算是平庸的方法。真正高妙的相法，则是像九方皋一样，看到马匹内在的美好。

用平庸的方法去相马，能找到的也就是一般的马。解决问题也一样，用一般的办法去处理，那么最后的效果也不会非常好。如果像九方皋一样能够看清问题的本质，那么就一定能够得到满意的结果。

在中世纪的欧洲丹麦，有一个天文学家叫第谷。他从当时的丹麦国王那里获得了一笔钱，建立了一个实验室，然后每天去观察行星的运动轨迹，并且记录下来。此后他坚持观察了 20 年，记录了大量的数据。不过，由于这些数据太过庞大，第谷花了大量时间和精力来分析，却没有发现任何规律。

这时候，一个叫开普勒的人出现了。开普勒认为，每天都去观测行星，那么一年 365 天，每一颗行星就会有 365 个数据，如此 20 年积累下来，要分析处理的数据就太多了。而且那个时候的数据分析只能依靠手工计算，这个工作量实在太大了。

于是开普勒请求第谷，每颗行星每年只给他一个数据。

比如：每年的 1 月 1 日，地球在什么位置，土星在什么位置，太阳在什么位置。这样筛选之后，每一颗行星的数据就只剩下 20 个。

开普勒知道，地球每隔 365 天会回到同一个位置。然后他把地球的位置固定，再分析其他行星跟地球的相对位置，由此就成功得到了其他行星的运行轨迹。

最后开普勒发现，如果地球位置不变，那么将其他行星 20 年的运行轨迹画出来之后，这些行星都是围着太阳运转的，而且它们的运行轨迹都是椭圆形的。由此开普勒发现了太阳系行星运动的规律。

不可否认，第谷是一位肯坚持而又兢兢业业的科学家。他的这份执着值得我们去学习，但他使用的研究方法却有待商榷。

反观开普勒，他从庞大的数据中抓住了最核心的问题，然后以此为基础，推衍出了行星的运行轨迹。

我们在生活中，总会遇到千头万绪无从下手的情况。但我们同时应当清楚，任何事物的产生、发展、运行，乃至结束，都是存在规律的。我们之所以觉得繁复杂乱，是因为我们还没有发现其中的规律。那么在发现这些规律之前，我们的尝试和努力就会随之变得盲目而没有规律。恰巧解决了，那是极好的运气。但绝大部分情况下，这样只会浪费时间和精力。所以，搞清楚这其中的规律，就是我们解决问题的先决条件，也是最正确的步骤。

“谋定而后动”，这其中的“谋”，就是指通过观察和思考，发现规律，掌握规律，利用规律。

约翰·杜威是美国著名的哲学家、教育家。但小时候的杜威在大家眼中，却是一个沉默寡言且不太聪明的孩子。

有一年夏天，学校刚刚扩建完毕，很多地方都需要清理。而杜威所在的班级蚊子特别多，尤其一到傍晚，同学们被蚊子叮咬得根本无心上课。于是，一天放学时，老师吩咐大家第二天自带工具，准备灭蚊。

到了第二天，同学们带来了各种工具，大部分是捕蚊网、灭蚊拍，还有灭蚊药水等。而当杜威拿着一把镰刀走进教室时，同学们都露出了吃惊的表情。

老师也不解地问他：“你为什么带镰刀呢？”

杜威回答：“灭蚊呀。”

同学们听了都忍不住笑起来，杜威却不置可否。

接下来，同学们在教室里忙了起来。可直到大家累得筋疲力尽，蚊子还是不断冒出来，怎样都消灭不完。而杜威却独自走出教室，来到后面的一片杂草丛旁，用镰刀割起草来。接着同学们发现，随着杂草的清除，加上大家的努力，蚊子渐渐消失了。大家这才佩服起杜威来。

杜威则解释道：“昨天我发现，教室后面的杂草丛才是蚊子的藏身之处。所以只有把杂草清理掉，蚊子才会彻底消失。”

教室里有蚊子，所以使用各种工具将教室里的蚊子消灭掉，这是常规的方法，却是治标的方法。将滋生蚊子的草丛清除掉，这才是治本的方法。

《大学》中说道：“物有本末，事有终始，知所先后，则近道矣。”大概意思就是告诉我们，每件东西都有根本有枝末，每件事情都有开始有终结。明白了本末始终的道理，就接近了事物的发展规律。

一棵树的叶子干枯，我们只给叶子浇水是无济于事的。因为给叶子提供水分和营养的是树的根部，所以我们要向根部浇水，才能让叶子重新恢复健康。这个道理，同样适用于我们解决人生中遇到的问题。

我们在孩童时代，多多少少都会有过这样的经历：某一次考试成绩不太理想，老师让我们总结原因教训，我们的答案往往是“太粗心了”。接下来，老师让我们找出解决的方法，我们的回答通常是“下次一定要细心”。

第一个回答差强人意，算不得正确答案。因为第一个回答的不完整和不够正确，导致第二个回答的空泛，这样的回答对我们解决问题几乎没有任何实际帮助。

“粗心”只是现象，导致粗心的原因才是真正的问题所在。是阅读习惯的问题？答题习惯的问题？还是书写习惯的问题？再究其根源，导致这些习惯的原因是什么？一方面是孩子们的天性，另一方面则是专注力的培养问题。那么我们就需要针对专注力去寻找有效的解决方法。

早期的福特公司有一台大功率电机出了故障，导致整个车间几乎都不能运转，相关的生产工作也被迫停了下来。公司技术人员反复检查，又请了许多专家来研究，可怎么也找不到问题出在哪儿，更谈不上维修。这时，有人提议去请著名的物理学家、电机专家斯坦门茨来帮忙。

等斯坦门茨来到福特公司后，他仔细检查了电机，然后用粉笔在电机外壳画了一条线，对工作人员说：“打开电机，在记号处把里面的线圈减少 16 圈。”

工作人员立即照办。令人惊异的是，电机故障解除，生产立刻恢复了。

事后谈及酬金，斯坦门茨说道："1万美元。"

简简单单画了一条线，难道就要1万美元吗？当时，福特公司最著名的薪酬口号就是"月薪5美元"。这在当时是很高的工资待遇。为了这5美元月薪，全美国许多经验丰富的技术工人和优秀的工程师从各地纷纷涌来。

面对大家的质疑和惊讶，斯坦门茨解释道："用粉笔画一条线，1美元；知道在哪儿画线，9999美元。"

斯坦门茨的开价高吗？的确很高。斯坦门茨的开价合理吗？非常合理。因为有很多时候，知道问题的症结在哪里，就无限接近了彻底解决问题，或者说就已经解决了大部分问题。所以斯坦门茨给出这样的价格和分配，其实是对抓住问题关键的肯定，是对提纲挈领的肯定。

当我们遭遇火灾，有时用水来灭火，有时却绝对不能使用水，而要改用泡沫、二氧化碳、干粉等灭火器来灭火，甚至需要使用沙土。这是为什么呢？因为火源烧燃的条件是氧气，而灭火的最终目的就是终止火源与氧气的接触。以此为目标，根据火源的性质，我们就需要采用不同的物质和工具来实现隔绝氧气的目的。

所以，解决问题，变的是方法，不变的是目的。这个目的，就连接着问题产生的真正原因，也是我们真正应该去探究和分析的东西。找到了它们，我们就能真正做到提纲挈领，有的放矢。

第三节 刀过竹解

所谓“刀过竹解”，表意是指用刀竖劈下去，竹子立即分开，引申出来，就是形容事情得到顺利的解决。

成语的意思很好理解，然而很少有人注意到，在这个充满酣畅淋漓的气势和美好愿景的成语中，还暗藏着一个破局而出的方法，即能够让竹子分开的原因是刀。再进一步说，工具的选择和使用，在我们解决问题、走出困境的时候，是非常重要的一个环节。

“工欲善其事，必先利其器。”这个所谓的“器”，就是工具。我们人类之所以能够站在食物链的顶端，对工具的使用和创造是其中很重要的因素。而在万千工具中，最重要、最有效、最根本的，则是人本身。

所以，想要彻底地解决问题，走出困境，成就事业，除了个人的努力和奋斗，我们还应该依靠他人的帮助，借助团队的力量。“任人唯贤”“众志成城”“知人善任”，这些表达知人用人以及团结协作的词语，都是在告诉我们：有些困难，依靠个人或许可以克服，但更多的困难和成就，则需要与他人一起努力才能战胜和实现。

周朝建立初期，周武王去世后，周成王年纪幼小，尚在襁褓之中。周公怕天下人听说武王已死而背叛朝廷，就暂时登位替周成王代为处理政务，掌握国家大权。于是管叔和他的诸弟就在国中散布流言：“周公将对成王不利。”

周公就对太公望、召公奭说：“我之所以不避嫌疑代理国政，是怕天下人背叛周室。这样没法向我们的先王太王、王季、文王交代。三位先王为天下之业忧劳甚久，现在才刚刚成功。武王早逝，成王年幼，只是为了完成稳定周朝的大业，我才这样做。”

于是周公兢兢业业地辅佐成王，又命其子伯禽代自己到鲁国受封，消弭流言。

临行时，周公告诫伯禽：“我是文王之子、武王之弟、成王之叔父，在全天下人中我的地位不算低了。但我却洗一次头，要多次抬起湿漉漉的头发，吃一顿饭多次吐出正在咀嚼的食物，站起来接待贤士。即便这样我仍然担心错失天下的贤人。你到鲁国之后，千万不要因有国土地位而骄慢于人啊。”

“周公吐哺，天下归心。”周公深知想要维系一个国家和王朝的稳定和繁荣，仅凭自己一个人是不可能做到的，还要依靠更多贤才的力量。所以他将对人才的挖掘与尊重视为自己最重要的工作之一，并以此告诫自己的后代。

我们在面对问题和困境的时候，也同样应该想到借助他人的经验、学识、能力。一道题，自己苦思许久也解不出。当然可以继续尝试依靠自己来解答，但也可以向其他已经解完的同学请教，了解他们的思路、方法。一项工作，自己力有不逮，那么就不妨请教有经验的同事来指导协助。这样既解决了问题，又促进了彼此的感情。

一个家庭、一个团队、一个企业，无论做什么，最重要的是人。充分地利用好了人，就能攻克困难，获得成功。

秦末，刘邦和项羽争夺天下。季布和丁公两人当时都是项羽的手下大将。季布领兵几次使刘邦受困。丁公也领兵追击过刘邦，但最后却放过了他。

刘邦称帝后，记恨季布多次把自己逼至窘境，就把他抓了起来。但刘邦又想到季布那时只是忠于自己的主君项羽，完成项羽交付的使命，并没有错。而刘邦自己也需要他这样的忠臣来辅佐，于是就放下了仇恨，不但释放了季布，还任命他为郎中。

丁公是季布同母异父的弟弟。他听说季布这样给过刘邦难堪的人都能被释放做官，那么他这个曾对刘邦有恩的人就更不用说了。没想到，他却被刘邦抓起来。刘邦对众人说:“丁公做项羽的将领时不忠，就是他这种人使项王丧失了天下。”而后刘邦下令处死了丁公，并在军中示众，警示大家要做忠臣，不要学丁公。

建立汉朝后，刘邦以文治理天下，征用儒生，广泛求贤。即位的同年，刘邦在雒阳的南宫开庆功宴。在宴席上，他总结了自己取胜的原因:“论运筹帷幄之中，决胜于千里之外，我不如张良；论抚慰百姓供应粮草，我不如萧何；论领兵百万，决战沙场，百战百胜，我不如韩信。可是，我能做到知人善用，发挥他们的才干。这才是我们取胜的真正原因。至于项羽，他只有范增一个人可用，但又对他无端猜疑。这是他最后失败的原因。”

我们姑且抛开刘邦的帝王心术不做讨论，客观地说，刘邦仍是中国历史上最善于用人的君主之一。对季布和丁

公两人的处置，表现出了他的“知人”，而对汉初三杰的使用，则体现了他的“善任”。既能够了解每一个人的本性和优缺点，又能够找到合适的位置来发挥他们的才能。刘邦就是凭着“知人善任”，才从一个小小的泗水亭长，最终成为一代开国之君。

反观刘邦的竞争者项羽，出身贵胄，勇武过人，天时地利占尽，最后却落得乌江自刎的下场。其失败的原因就如刘邦所言，有才不用，反而狭隘猜忌，失去了人和。

所以想要破局而出，做出一番成就，就需要充分借助群体的力量。盖一所房子，仅凭一个人，恐怕要耗日持久，最终还不一定能达到预想的效果。但如果找来技艺高超的设计师、木工、泥工、瓦工、水电工等，这所房子就会建得又快又好。

现在流行一句话:“让专业的人做专业的事”，就是告诉我们，术业有专攻，很多时候在我们看来难于登天的困难，在专业的人面前却不算什么。那么此时解决问题的最好方法就是请这些专业的人来协助自己走出困境。

管仲和鲍叔牙都是春秋时期的齐国人，两人自少年时就是好朋友。

鲍叔牙很赏识管仲的才学，也很了解他的为人。两人曾经一同做买卖，在分利的时候，管仲总要多得一些。而鲍叔牙知道管仲家里贫困，从来不因他多得了钱而说他贪心。管仲曾替鲍叔牙办过几件事，可是事情没办好，反而弄得更糟糕。鲍叔牙也并不认为管仲无能。因为他知道事情总有不顺利的时候。

管仲曾三次当官，三次都被罢了官。鲍叔牙并不认为他没有才干。因为鲍叔牙知道他是没遇到赏识他的人，没有得到发挥才干的机会。管仲曾经三次参加作战，每次都逃跑了。鲍叔牙也不认为他胆小怕死。因为鲍叔牙知道他家有老人要奉养。鲍叔牙对管仲了解得如此深透，所以管仲感慨地说:“生我的是父母，知我的是鲍叔牙啊。”

管仲和鲍叔牙后来分开了。管仲做了齐襄公的弟弟公子纠的老师，鲍叔牙做了齐襄公另一个弟弟公子小白的老师。

当时齐襄公荒淫无道，把自己的兄弟都赶到了国外。不久，齐国发生内乱，齐襄公被杀。公子纠和公子小白得知消息后，都急忙往国内赶，想抢先得到君位。管仲一面派人护送公子纠回国，一面亲自带人去拦截公子小白。他们在半路上遇到了公子小白的车队。管仲劝公子小白和鲍叔牙退回去，两人不肯，管仲就取出箭向公子小白射去。公子小白大叫一声，向后倒去。管仲以为公子小白已被射死，便率人折返，护送着公子纠向齐国进发。

谁知公子小白并没有死，管仲那一箭正巧射中了他的衣带钩，他怕再挨一箭，于是急中生智，假装被射中倒下。看见管仲走了，他才命令抄小路加速前进。最终公子小白抢先赶回国都，当上了国君，即齐桓公。

齐桓公即位后，立即派兵讨伐公子纠。结果公子纠被杀死，管仲也被捉住。齐桓公恨管仲差点儿杀了自己，要把管仲处以极刑。而鲍叔牙竭力向齐桓公推荐管仲。他告诉齐桓公，如果能重用管仲，就能使国家强盛。

齐桓公终于被鲍叔牙说服，不仅没杀管仲，还请他当了齐国的宰相。鲍叔牙则心甘情愿地当管仲的助手。在管仲和鲍叔牙的辅佐下，齐桓公治下的齐国迅速强大起来，成为春秋时期的霸主。

齐国称霸春秋时代的主要原因在于三个人：齐桓公、管仲、鲍叔牙。管仲有才，鲍叔牙识才，齐桓公重才，三者缺一不可。

鲍叔牙的识才做到了直指人的本质本心，并没有因为管仲的行为而影响了他的认知和判断。齐桓公的重才做到了不计前嫌，甚至可以放下夺命之仇，对管仲委以重任。而管仲正是因为这两人的推荐和重用，才不至让自己的一身才能埋没在时代的洪流中。

清代思想家、文学家龚自珍曾经说过：“善相马者天下无弃马；善相士者天下无弃才。”作为一个领导者，一个想要作出成绩的人，识才、重才是必须具备的本领。再远大的目标、再优秀的想法、再宏伟的计划，如果没有优秀的人去执行，就没有任何实际意义。所以，作为一个领导者，要真诚地去了解身边每一个人的家庭、成长经历、喜好习惯、优点缺点，这样才能充分调动大家的积极性，为了共同的目标去一起努力。

美国的第一任总统华盛顿除了拥有杰出的政治军事才能外，还十分爱惜人才，总让身边人举荐能力出众的青年才俊，以增强军队的战斗力。

在一次军事会议后，格林将军向华盛顿举荐了一个名叫亚历山大·汉密尔顿的人。此人当时是炮兵连连长。在几次战役中，这个不到20岁的小伙子指挥得当、沉稳老练，有效地击退了敌人的进攻。

华盛顿听后，开始对这个年轻人关注起来。他暗中来到汉密尔顿的连队，悄悄观察这名指挥官的一举一动。经过大半年的考察，华盛顿感到格林所言非虚，汉密尔顿确实是自己急需的指挥人才。

一年多来，华盛顿的司令部始终缺一名副官。萨拉托加大捷后，华盛顿要当众宣布副官人选。很多人对这个职位势在必得，觉得自己是不二人选，但结果却出乎所有人意料，汉密尔顿成为了最终的幸运者。

一开始，很多人对汉密尔顿的能力存有疑虑，但看到他一段时间的表现后，这种声音渐渐销声匿迹。大家对于华盛顿善于识别人才、唯才是举的做法更加佩服。

然而一个有能力的人，不可避免地会有脾气。在一次军事会议上，大家都在商讨如何彻底消灭在费城内负隅顽抗的英军。会上众人的争论很激烈，大家始终对采取何种方式攻下费城无法达成一致。华盛顿提议暂时先不做决定，过两天再开会讨论。

于是大家都不再说话，只有汉密尔顿站出来说："英军此时已是强弩之末，只要我方强攻，定能获胜。因此，攻打费城的行动不能再延误。"

华盛顿那段时期因为诸事不顺导致心绪欠佳。于是他没好气地对汉密尔顿说:“大家意见不统一，你为什么急着做决定？你眼里还有我这个总司令吗？”汉密尔顿见华盛顿发火，没再说下去。不过，他没等会议开完就气冲冲地离开了。

第二天，华盛顿就收到了汉密尔顿的一封辞呈。汉密尔顿以“总司令对他发脾气”为由，不愿意再在他手下做事。华盛顿马上意识到自己昨天的失态，派人前去挽留，可是汉密尔顿根本听不进去。对于汉密尔顿的态度，周围人都劝华盛顿说:“让他走吧。反正我们现在不缺像他这样的人。”

但华盛顿却努力平复了心中的负面情绪，对别人说:“很少有人像汉密尔顿那样，年纪轻轻就具有广泛的知识，还坚定地献身于我们的事业。这样的人才是不能埋没的。如果我不能包容他，那我们还怎么留住人才呢？”

于是就在当晚，华盛顿亲自来到汉密尔顿的住所，向他表达自己的歉意。汉密尔顿见总司令如此重视自己，便再也无法拒绝这份诚意。

一个月后，华盛顿又任命汉密尔顿为团长，独立指挥一个步兵团。随后华盛顿又委任他为约克镇战役先头部队的总指挥。这场战役的胜利宣告了英国的彻底失败，上万英军士兵投降。

8 年后的 1789 年，华盛顿当选美国第一任总统。他的组阁过程非常艰难。尤其在财政负责人的人选上，大家的意见分歧很大。因为那时的美国国内货币贬值，国库空虚，对外债台高筑，经济形势极其严重。而华盛顿力排众议，任命 34 岁的汉密尔顿为财政方面的负责人。而汉密尔顿也不负众望，通过一系列有效的措施彻底扭转了当时国内的经济形势。

每个人都有自己的性格脾气，尤其是有才干的人。锋利的刀剑，既能够帮我们击败敌人，也可能因为使用不当伤害到自己，关键就在于使用者的方式方法。

在任由汉密尔顿离开与打赢战争获得独立之间，华盛顿清醒地选择了后者，然后挽留住了汉密尔顿这个不可多得的人才，从而获得了最终的胜利。

我们在日常生活中，总会有这样的抱怨：“这个人真是讨厌。他总是如何如何，如果他不在身边就好了。”我们的感受是真实的，或许我们的分析也有一定的道理。但我们往往忘了考虑一点：一个人的重要性，不是体现在他在的时候我们有多么痛苦，而是体现在当他真的不在的时候，我们会有多么的痛苦，会给我们带来多大的伤害。

所以，克服困难，破局而出，要求我们必须依靠他人的力量，有时甚至要求我们必须去忍受他人给我们带来的伤害。这就需要我们学会求同存异，学会顾全大局，学会胸怀开阔。

第四节　总结归纳

子曰:“温故而知新，可以为师矣。”意思是温习学过的知识，进而又能从中获得新的理解与体会，凭借这一点就足以成为老师了。

面对困难，我们会有成功战胜的经验，同样也会有受挫失败的教训。而这些经验和教训，都是无比珍贵的财富。如果放之不用，那就是暴殄天物。所以，我们应当学会不断地分析、总结、归纳。这些分析、总结、归纳的过程，本身就可以看作是一次破局而出的模拟和复盘，既能帮助我们提炼出一整套解决问题的方法，又能让我们避开现实中有可能出现的实际损失。

通过这样的锻炼，在下一个困难到来时，我们就能够从容不迫地去面对。

麦西是一个渔民的儿子。19 岁的时候，他带着 500 美元来到波士顿，并结识了荷顿。随后两人合伙开了一家布店。

不久，麦西与荷顿的妹妹相爱了，却遭到荷顿的强烈反对。荷顿认为麦西才智平庸，将来肯定不会有出息，不愿妹妹跟他受苦。他以中断合作来威胁麦西，让他不要纠缠自己的妹妹。面对生意和爱情，麦西毫不犹豫地选择了后者。

麦西跟荷顿的妹妹结婚后，自己开了一家经营针线的小店，但很快就倒闭了。接着，麦西又开了一家布店，可生意也很一般，几乎赚不到什么钱。

这时，美国西部正盛行淘金热，于是麦西关掉店铺，去加利福尼亚寻找新的机会。到了那里他才发现很难淘到金子，在争地盘的过程中还会有送命的危险。于是他放弃淘金的打算，在旧金山开了一家小店。

在经营的过程中，麦西发现一种淘金者用的平底锅很好卖。于是他大量购进，并以低于别人一成的价格出售。淘金者纷纷涌来购买，麦西实实在在地赚了一笔钱。他也从中总结出两条重要的营销经验：一是抓住顾客的迫切需要，二是薄利多销。

一年后，麦西觉得自己对经营之道摸索得差不多了，毅然把旧金山的店铺转让了出去，带着一大笔资金回到马萨诸塞，在哈佛山开起了一家布店。

为了打开局面，麦西在经营上采取了许多措施：一是大做广告，二是按季节时令推出新式热门货，三是增加商品种类，四是明码标价。

然而，麦西的布店最终还是失败了。经过思考，他发现原因是哈佛山人口不多，市场空间太小。他那些做大生意的经营手法，用到这里根本就是浪费。他从这次失败中又得到一个经验：一种好的经营方法，不是百用百灵的妙药，还要与具体环境配合才行。

麦西决定再次尝试。这时，荷顿主动找上门来，想和他合伙做生意。荷顿以前认为麦西缺乏能力，也不能坚持。但没想到麦西努力坚持了这么多年，也取得了成绩。荷顿认为，一个有毅力的人，最终总能成功。

于是麦西和荷顿来到纽约，开设了他们的第一家百货商店。10年之后，麦西的百货公司几乎占了半条街。而如今，麦西创办的公司已成为世界上最大的百货公司之一。

诸葛亮说："善败者不亡。"意思就是正确对待失败的人，善于从失败中总结教训的人，是最有希望获得成功的。

故事中的麦西正是这样一个善败者。面对失败的经历，他除了不放弃之外，还懂得反思和总结，并在下一次尝试时付诸实践。

我们中的大多数人都不是天纵之才。尝试一次就能成功，这样的事情偶尔会发生，但绝不会时常伴随着我们。于是，遭遇失败和挫折就成为一种常态。面对这种常态化的遭遇，以坚持为基础，我们就需要不断地归纳总结。通过一次次的归纳总结，我们就能不断修正错误，形成正确的方法，然后战胜困难，最终获得成功。

公元前273年，一个名叫李冰的官员由秦昭襄王派入蜀地，出任蜀郡郡守，而他的主要任务就是治理水患。因为此时的蜀地可谓“泽国赤盆”，涝的时候涝死，旱的时候旱死，是实实在在的贫瘠之地。

而这一切都与流经蜀地的岷江有关。在长江的所有支流中，岷江的径流量最大。每年的丰水季节，岷江都能顺势把整个成都平原淹个底朝天。它曾一次次溃决堤岸、泛滥成灾。河道的位置也一再变更。上游水流带来的大量泥沙也容易淤积在这个地方，将河床抬高，这又进一步加重了水灾的隐患。在枯水期，岷江又被玉垒山挡住，无法灌溉平原东部广大地区。

秦国重视水利，而李冰本人恰好具有扎实的水利功底，可谓生逢其时。面对岷江水患，李冰细心总结前人的治水经验，最终提出“分洪以减灾，引水以灌田”的治水方略，决定在岷江上修建一座集防洪、灌溉、航运于一身的大型综合水利工程。

这就是都江堰工程。

随后，李冰和他的儿子二郎沿岷江两岸进行实地考察，了解水情与地势，向当地百姓请教学习，接着又带领蜀地百姓耗时八年先后完成了宝瓶口、鱼嘴、飞沙堰三大工程。岷江的水流经宝瓶口，再分成许多大小沟渠河道，组成一个纵横交错的扇形水网，灌溉了成都平原万亩农田。为了观测和控制内江水量，李冰又雕刻了三个石人，放于水中，以“枯水不淹足，洪水不过肩”来确定水位。这可谓中国早期的水位观测设施。他还凿制石马置于江心，以此作为每年最小水量时淘滩的标准。

李冰用这三个部分构成了完整的都江堰工程，最终征服了岷江，变水害为水利。从此，成都平原成为沃野千里的富庶之地，荣获“天府”美称。

而李冰在完成都江堰工程后，又总结经验教训，留下水经六字诀“深淘滩、低作堰”，以及治河八字格言“遇弯截角，逢正抽心。”而笼石作堤和设立石人测量水位，以及每到冬天枯水期，在渠首使用杩槎（三脚木架）截流等举措，更为后人积累了一整套宝贵的治水经验。

都江堰水利工程历经两千多年而不毁，至今仍在发挥着作用，是人类水利史上的一座丰碑。李冰父子在设计并主持修建它的过程中，遇到了数不清的难题。而他们的解决方法就是尝试、总结、修正、再尝试，如此循环反复，直至成功。

我们做一件事，如果一次就成功，就要去思考为什么会成功，是哪些因素促成了这次成功，下次能否如法炮制；如果没成功，更要去思考为什么会失败，是哪些因素导致了这次失败。没有总结的成功，就是一次好运气；没有总结的失败，就是一次纯粹的失败，同时会招致更多的失败。

有家企业招聘文职人员。而招聘的过程十分简单，就是让每个应聘者讲一则生活、工作中失败的故事。应聘者当中不乏博士、硕士，但他们最后都被一位中专生击败。

这位中专生讲了一段自己的经历。她说自己中专毕业来到深圳，应聘在一家公司任秘书。公司很大，员工也很多。每月中旬，公司领导都要例行向员工讲一次话。有一次，先她而来的老秘书出差，领导的讲话稿自然由她来写。写好之后，公司领导由于忙于事务没有提前看稿，时间到了便匆匆拿起稿子讲，结果读错了几个字，引起员工们哄堂大笑。公司领导很生气，便将她辞退了。

这的确是一个失败的故事。众多应聘者往往讲到这里就结束了自己的叙述，而这位中专生却继续向面试官讲述了自己接下来的经历。她虽然被辞掉，但没有立即离开。因为她想知道为什么公司领导会念错字？

经过打听她才明白，原来这位公司领导仅仅只有小学文化程度，有很多字其实不认识。为此，她很自责，要是当初自己在那些难认的字旁注上同音字就好了。

“这不是你的错。”有的面试官很同情她。

“或许不是我的错。但至少说明我不是一个合格的秘书。因为秘书的基本要求之一就是了解领导，而我对他了解不够，就是我的错。”

“那是你工作的时间太短。”

“这也不是时间长短的问题，而是我的工作主动性不够。”

中专生刚讲到这里，总经理便打断了她的话，宣布她已经被录取了。

反思与自省，永远是一个人成功的必要条件。像故事中那位应聘的中专生一样，一个人如果对成功有执念，那么就一定会在失败的时候刨根问底：我到底为什么会失败？我应该怎么做才不会失败？同时，他们不会将失败的理由过多地归咎于客观因素，更多的是在思考自身的不足。

面对同一项工作，在完成后有的人会感到如释重负，终于结束了；有的人会去想，这一次的工作我是不是有疏忽的地方，下次我应该怎么避免这些疏忽。一次两次或许还不明显，随着时间的推移，这两类人的差距就会越来越大。

人无完人。“看别人都是毛病，看自己哪里都对”，拥有这种思维的人，在潜意识里就封杀了自己进步的可能性。他们不会改变，也就不会进步。相反，不断反思和自省的人，就让自己拥有了变得更加优秀的可能性。这种可能性，就代表了一个人成长上限的高低、解决问题能力的强弱，以及成功概率的大小。

李时珍，明武宗正德十三年（1518年）生于湖北蕲春县。他出身医学世家，自幼热爱医学，其祖父是草药医生，父亲是当时名医，曾任太医院吏目。但当时民间医生地位低下，生活艰苦，所以父亲不愿李时珍再学医药。可李时珍并不热衷于科举，于是决心弃儒学医，钻研医学。他在23岁时开始随父亲学医，之后医名渐盛。

李时珍在数十年行医以及阅读古典医籍的过程中，发现古代本草书中存在着不少错误，于是决心重新编纂一部本草书籍。

明世宗嘉靖三十一年（1552年），李时珍开始着手编写《本草纲目》。他以《证类本草》为蓝本，并参考历代药书。但在编写《本草纲目》的过程中，最令他困扰的就是由于药名混杂，往往弄不清药物真实的形状和生长的情况。过去的本草书，虽然作了反复的解释，但是由于有些作者没有深入实际进行调查研究，而是在书本上抄来抄去，所以越解释越糊涂，从而矛盾百出。

例如药物远志，南北朝著名医药学家陶弘景说它是小草，像麻黄，但颜色青，开白花。但宋代马志却认为它像大青，并责备陶弘景根本不认识远志。又如狗脊，有的说它像萆薢，有的说它像拔葜，有的又说它像贯众，说法大相径庭。

在父亲的启示下，李时珍认识到，“读万卷书”固然重要，但“行万里路”更不可少；除了学习前人经验，还要自己去实地探索，然后归纳总结。于是，他既搜罗百氏，又采访四方，深入实际进行调查。

在编纂《本草纲目》的过程中，李时珍曾多次离家外出，足迹遍及湖广、江西、直隶等许多名山大川，并拜渔人、樵夫、农民、车夫、药工、捕蛇者为师，参考历代医药等方面书籍近千种，记录近千万字的札记，通过不断总结前人在行医用药方面的经验和教训，弄清了许多医药方面的疑难问题。

经过长达27年的长期努力，李时珍终于完成了《本草纲目》的初稿。之后又历经三次修改，前后近40年，他才终于完成了这部192万字的医学巨著《本草纲目》。

李时珍被后世尊为“药圣”，是因为他用毕生精力编纂了前无古人的《本草纲目》，这部书至今仍被奉为医学经典。

而李时珍克服困难，成就这部医学巨著的方法，就是集前人之果，采众家之长，前者是总结先辈们的学术成就，去粗取精；后者是通过实地考察，并向有经验的人请教学习，去伪存真。

李时珍用事实证明，当一个人用近 40 年乃至一生的时间去专注一件事，期间不断地总结经验教训，那么他就可以突破桎梏，成就不凡。

而任何一个看似宏大、不可战胜的困难，其最初尝试解决的开端，都可以是吸取古今中外的经验教训，然后努力实践，并在实践中不断摸索，不断总结归纳，最终破局而出，开辟一条全新的成功之路。

结语

我们每个人，从脱离母体的那一刻起，就开始面对各种各样的困境：坐卧、爬行、直立、咀嚼、行走、奔跑，继而读书认字、求学，然后工作就业、求偶、孕育下一代，最终面对疾病、衰老和死亡。

从某种层面上来看，生命的本质，就是克服一切阻碍，求存图强。而我们的人生，就是面对一个又一个的困境，并逐一解决的过程。所谓成功的人，所谓幸福的人生，其本质也就是很好地解决了这些困境中的大多数。

于是，能否拥有一段美好的人生，关键就在于我们是否具备解决问题、破局而出的能力。而答案是肯定的。人类，或者说一切生命形式，无论大小，在其诞生之初，都被赋予了无比澎湃的生命能量。是这份能量支持着我们在这个世界中扎根，立足，继而探索前行。这是一种原始的，却是最本能的力量。

我们之所以会一次次地被困难打倒，被困境束缚，是因为我们在日复一日的磨砺中，在面对一个又一个的挫折时，渐渐地对内忘记了初心，对外放弃了尝试。

忘记的本质是自我否定。否定自己过去的努力，直至否定自己的存在。放弃的本质是自我判决，判决自己接受现实，直至判决自己停止成长。对于一个已经自我否定和自我判决的人而言，他的有价值的生命也就在此刻结束。对内无法给自己带来更美好的生活，对外无法给身边人乃至这个世界创造有意义的事物，剩下的只是无意义的消耗。

没有人打心底愿意这样。

所以，面对挫折，面对困境，我们要做的第一件事，就是不害怕。这份不害怕，不是没有敬畏心，更不是自负狂妄、目空一切。这份不害怕，是对自己的尊重，对生命的尊重。

当我们以勇敢的姿态站在困难面前时，我们才能够说自己具备了破局而出的最基本的条件。

那么如何破局而出？

首先就是改变，从头到脚，从内而外的改变：改变思维、改变性格、改变习惯、改变环境。而这所有的改变，都为了一个不变的目标：战胜困难。有了清晰的目标，其次我们要去找到方向，然后坚定决心，思考方法，认真执行，继而赋予这些行动不懈的坚持及耐心的等待。最后，在上述过程中，我们充分地运用合理的战略战术。那么，人生中的困境就会终将被我们克服。

“诗仙”李白在唐天宝三年（744 年）被谗言谤毁，他在失意离开长安时，写下了《行路难》。才华横溢、胸怀大志的他回想自己在过往政途上遭遇的苦难，满腔愤懑地在诗中发出了质问：“行路难，行路难，多歧路，今安在？”

在诗的结尾处，李白却又以勇敢豪迈的气魄，回答了自己提出的问题：“长风破浪会有时，直挂云帆济沧海。”

我们每个人都要坚信，苦难和困境是暂时的，只要自己不认输，那么总有一天，我们会长风破浪，扬帆济海。

总会有这一天的。